W
W
W
Wonderful Agricultural
Homeland And
Happiness Associate
JN174745

上垣康成 著

小さい畜産で稼ぐコツ

少頭多畜・加工でダントツの利益率！

農文協

放牧中の10産した
お母さん牛（経産牛）。
年に約1頭をお肉に

田んぼを泳ぐアイガモ。田植えの頃にヒナを仕入れて50aの田んぼで飼い終えた約200羽をお肉に

土の上で飼う豚。年に約10頭の子豚を買ってきて肥育。年間約10頭をお肉に

自分でつくるエサで育てた牛をお肉に

エサのイナワラを集める子どもたち。集草と成形にはロールベーラを使う

ロールベーラとラッピングマシンを使って牧草をロールラップサイレージにしているところ。約3haの草地で育てた牧草、くず小麦などで母牛10頭を飼う

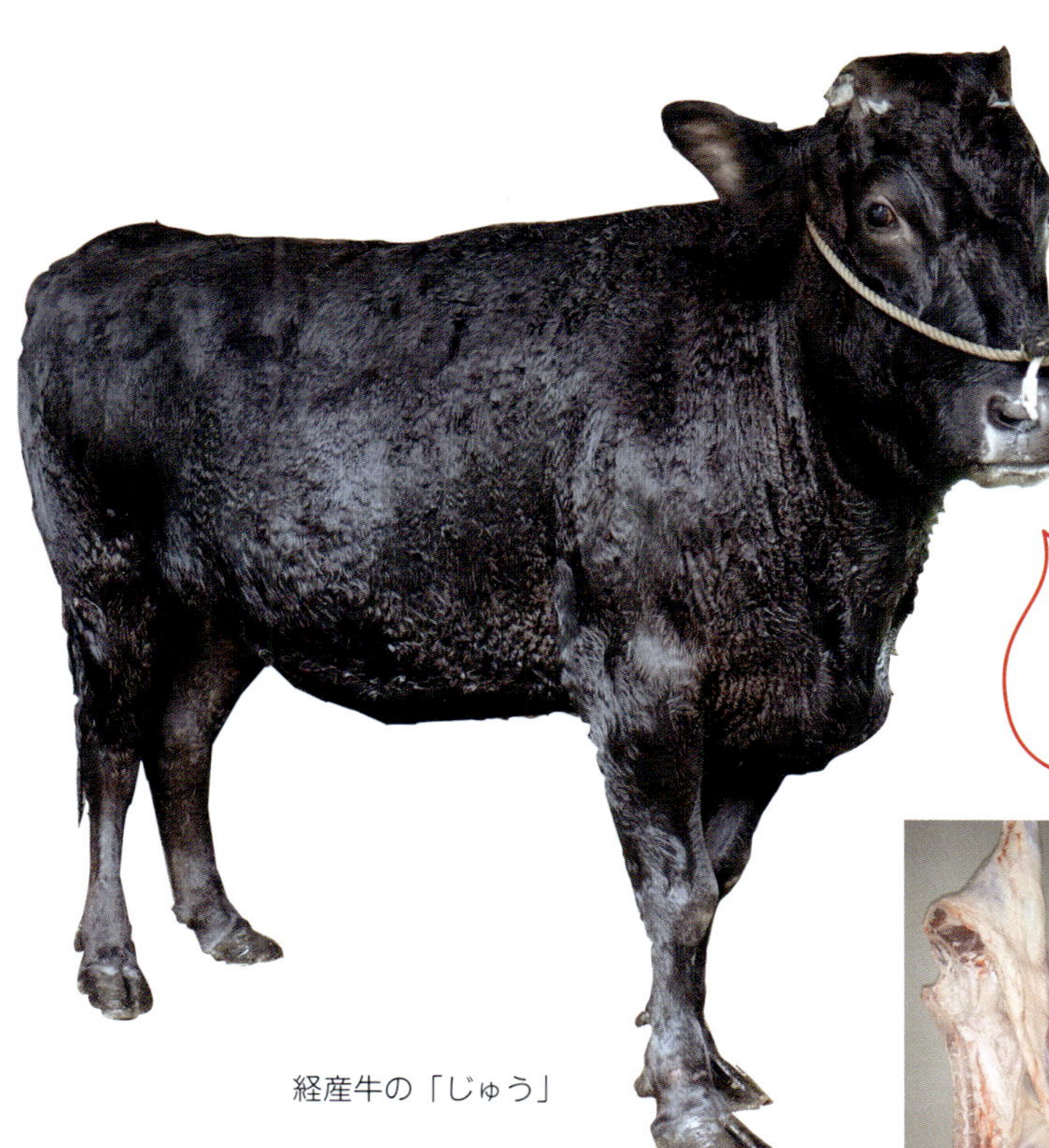

おいしく
さばいてね

経産牛の「じゅう」

屠場で枝肉にしてもらった
経産牛のお肉と妻の美由紀

経産牛のお肉。すべて真空パックで冷凍保存している

70日齢の子豚を買ってきて3～4カ月肥育する。野菜くず、くず小麦などのエサは100%地元で入手

地元のエサで育てた豚をお肉に

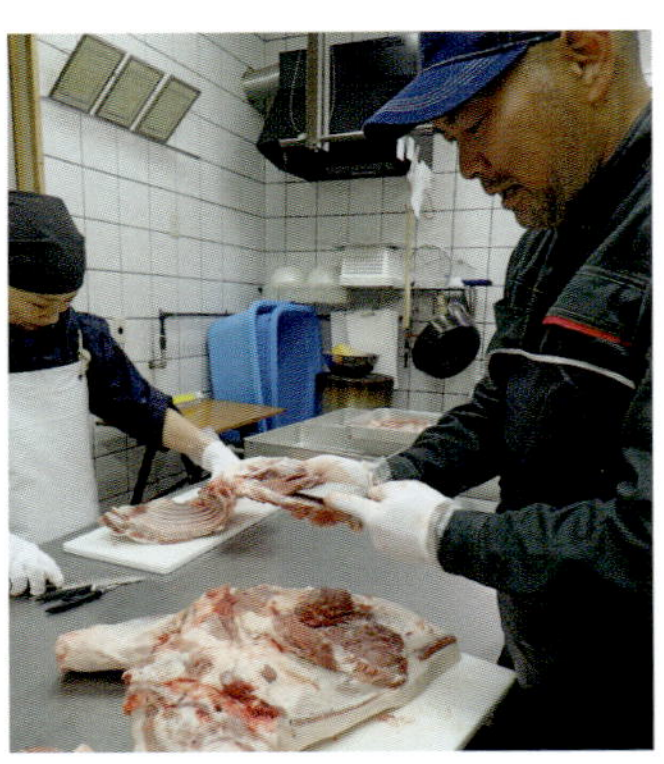
豚肉をカットする筆者と妻

豚肉とアイガモ肉の細かい切れはしを使ったコロッケ

ソーセージつくり

地元のエサで育てた**アイガモ**をお肉に

吊り下げた状態でアイガモを
さばいているところ

カモ鍋セット（ネギはついていない）

カモ鍋。スライス肉と鍋つゆのセットで売る

アイガモのヒナ。
エサはくず米、米ぬか、
野菜くずなど

なんでも自分でやる
——肉を売るお店を建てる

6年かけて自分で建てたショップ＆カフェ「があぶう」

のぼりの文字も手書き

店内の様子

自分で強度計算して作った
天井の梁の部分

鳥の模様の鋳鉄の金具
を取り付けた椅子

祖父の代の牛舎をリフォームして作った家。
居間からつながる台所

――家をリフォームする

居間とつながった子ども部屋。みんなで話し合い、みんなで手伝いながら約２年で完成

小学校に出向いて、アイガモの調理体験もする。
すでに9年間続けている

家畜がお肉になることを伝える

触って体温を感じてもらう。
「ペットじゃなくて食べるために飼っているんだよ」

はじめに――繁殖和牛経営から少頭多畜・加工経営へ

小学生の頃から農業が嫌いで、大人になったら真っ先にわが家の田んぼをミニサーキット場か何かに改造しようと思っていました。そんな私が、気が付けば農業を生業として、その農地で暮らしていく生活を満喫しています。なんとも皮肉なことですが、小さい頃から農家の生活を不便で大変で収入も少ないと感じていたのはまったくの誤解でした。

お金を儲けたいだけならまた話は違ってきますが、ビジネスではなく、豊かな暮らしを楽しむための農業・農家は、小さい規模でこそ楽しめると思っています。

わが家はもともと、母牛を育てて子牛を生産する繁殖和牛経営が中心でした。私たちが生産している但馬牛（兵庫県産の黒毛和牛）は「神戸ビーフ」や「松阪牛」になる素牛（子牛）で、おいしいのは間違いないのに、自分で育てた牛のお肉が食べられないというジレンマを抱えていました。経営だけを考えたら繁殖和牛の多頭飼いに走るところでしたが、どうしてもおいしいお肉が食べたいと思うようになり、農業を始めて四半世紀経った今では、豚、肥育牛（年をとった経産牛を育てる）、アイガモという少頭多畜の飼育から加工販売までをほぼすべて自分たちでやる経営に広がっていきました。この本ではこうした少頭多畜・加工経営を「小さい畜産」と呼ぶことにしました。

家庭菜園で自分がつくった野菜を食べたときの感動はつくった人にしか味わえないものですが、それがそのまま畜産でも実践できるんだなと思っています。

というわけで、わが「わはは牧場」は兵庫県養父市の山間地で、繁殖和牛を10頭、出産をくり返した経産牛の肥育を年に約1頭、豚の肥育を年に約10頭、アイガモ農法で米をつくり、そのアイガモは年間約２００羽飼育しています。

飼っている家畜はすべて自力でお肉にして販売しています（繁殖和牛は別）。わが家は認定小規模食鳥処理場を経営しているので、アイガモはわが家の分とは別に年間約５０００羽分を委託処理しています。

他にも小麦を栽培したり、牛のエサもほとんど自給できるよう耕作放棄田を利用して牧草を栽培したりしています。環境負荷の少ない小さな循環を実践して自分たちの食べたいものをつくる生活が、わが牧場の仕事です。

夢はあと少し、養鶏を数年以内に、またいつかは乳牛を飼って乳製品を作りたい。そして、これは食べものではありませんが、ヒツジを飼って毛をつむぎ、着るものを作るところまで実践できれば、わははは牧場は文字どおり、わははと笑える牧場になるような気がします。

畜産は初期投資額が大きいという話を聞いて、新たな畜種の導入や新規参入を断念された方も多いのではないでしょうか。わが家の場合も最初は指導を受けるがままにした結果、それなりに経費もかかり、畜舎も大げさなものになってしまいました。しかし、今思えばそこまでの必要はなかった、もっと簡易な方法で経費も手間もかけずに同じことはできたと思うのです。この本では、そういったことも含めて、小さい畜産の魅力とその実際を紹介していきたいと思います。

２０１７年11月

上垣　康成

目次

はじめに
――繁殖和牛経営から少頭多畜・加工経営へ……1

第1章 小さい畜産の魅力

どうして少頭多畜・加工経営なのか？……8
アレルギー体質は食べもののせいかもしれない 8
その栽培法に問題はないのか？ 8
祖父―多頭飼育の元祖―の真似はとてもできない 9
誰も農業なんて見向きもしなかった時代に就農 10
祖父が残した繁殖牛3頭と水田70aから始めた 11
人間の命を支えているのが第一次産業なんだよ 11
転機はアイガモ処理場の経営移譲 13
エサで肉質が変わるならば、エサを自分でつくろう 13
自分たちで豚も飼おう、牛の肥育も始めよう 14
わが家の牧草畑でまかなえる頭数に牛を減らした 16
お肉にして自分で売れば、好きな値段が付けられる 16
1日の仕事、1年の仕事……18
牛のエサやりの合間に他の仕事をやる 18
豚・牛の加工はアイガモの裏シーズンに 18
夏から年内いっぱいはアイガモ処理 25
小さい畜産Q＆A……26
畜種が増えると働き方は変わるの？ エサは何を与えるの？ 26
豚の肥育って難しくないの？ 27
病気の心配はないの？ 27
糞尿処理は毎日やるの？ 28
エサ代は高くつかないの？ 28
エサ代は為替相場や原油価格に左右されないの？ 29
精肉加工のいいところは？ 30

第2章 小さい畜産の飼い方

繁殖和牛経営を安定させるには……32
単一の多頭飼育では危険かもしれない 32
経営を圧迫していたのはエサ代 32
まずは牧草を自分でつくる 34
労力と草地面積に合わせて牛を減らす 36

牛舎は連動スタンチョンで、ほぼ裏山暮らし　36
外で自然出産で事故ゼロ　37
忙しい秋をはずして年明けに出荷する季節繁殖　39
5月以降に産ませると病気になりにくい　39
発情のチェックで妊娠率100％　41

豚の肥育を始めるには……41

子豚を買ってきて肥育から始める　41
ビニルハウス豚舎でいい　42
70日齢前後の豚を約3カ月肥育する　43
食べたいエサを食べたいだけ与える　44
エサは自家製粉の小麦粉、せんべいくず、野菜くず　44

経産牛の肥育を始めるには……45

ほぼ牧草だけで肥育できる　45
いかに手をかけないで育てるか　46
牛舎は屋根だけあれば吹きさらしでいい　46
ビニルハウス牛舎でも十分　47
［山の木を切り出して自作したわが家の牛舎］　47
放し飼いスタイルなら除角する　48
1年に1頭ずつメス子牛を残す　48
エサは牧草8割、小麦粉をふりかけ程度　49
サイロのいらないロールサイレージのつくり方　50
作業がラク、機械も安いミニロール　52
少頭飼いなら、イナワラとあぜ草だけでいい　52
経産牛でも臭みがなくて脂の甘い肉　53

アイガモ稲作を始めるには……54

外敵さえ防げれば難しくない　54
アイガモの適正羽数　54
ヒナが届いたらすぐにカモプールで飼い慣らし　54
圧死を防ぐため、1群50羽前後に　56
気温が上がるまで田植えを待ってから放飼　56
イネと草を見ながら放飼数を調整　57
外敵から守るためのメタル柵と電気柵　58
カラスには黒テグス　58
放飼を終えてからの肥育法　59

第3章 小さい畜産の精肉加工

わが家の肉が手元に届くまで……62

とてもおもしろい仕事のひとつ　62
自分らで考えてやってみる　62

豚は枝肉を引き取ってわが家で処理 64
牛の枝肉からの処理はあきらめた 64
アイガモは屠殺から精肉までわが家で 64

カモのさばき方のコツ……66
動物の体のしくみは共通、まずは鳥で覚える 66
首から吊り下げてさばく 67
足で開閉できる水道の工夫 69

ベーコンと燻製器の作り方……70
ベーコンの作り方のポイント 70
燻製器は煙が逃げなければいい 71
今は冷蔵庫を改造した燻製器 74
［結着剤を使わないソーセージは冬に作る］ 76

精肉加工を始めるために必要な許可……77
まずは保健所に相談するところから 77
「わはは牧場アイガモ処理場」の場合 77
食肉販売業の許可取得は必須 78
コロッケの話 78
ベーコンを作るためには食肉製品製造業 79

精肉加工を始めるために必要な機器……80
加工機器は真空パック機と冷凍庫から 80
真空パック機も自作 80
冷凍庫がダウンしたときの警報器も自作 81
業務用加工機器はネットオークションで 82

第4章 小さい畜産の売り方

こだわりを貫き通す……84
最初はアイガモ肉から、店舗なしでスタート 84
在庫はあるときにあるだけ 85
何を食べて育ったかがわかること 85
意気を持ち続けるため安売りしない 86

ネットで日常を発信する……88
ホームページは作ってからが始まり 88
13年間休まずブログで発信 89

カモ肉と鍋つゆをカモ鍋セットで……90
肉は塊ではなくスライスで売る 90
お客さんに合わせて中身を増減 91

自前のお店を持つ……92
肉を売る店が欲しくて 92
基礎は肝心、その上の構造物は創造物 92

時間をかけてみんなで作る　93
狭くて小さいお店を地域の拠点に　94

第5章 小さい畜産の考え方

できるだけ自分でやる、時間をかける……96
これが畜産の最前線　96
モノを壊すことが好きだった　96
時間をかけて作り上げていく楽しみ　96
自分でやれば、とにかく安くつく　97
補助金に頼らない　97
地域で物々交換　98
日曜大工より日曜鉄工　99
持ってると便利な第2種電気工事士の資格　100

必要な農機具、不要な農機具……100
大きなトラクタへのあこがれ　100
2tダンプは牛飼いに必要か？　101
絶対に必要な時をシミュレーションしてみた　101
必須なのは軽トラ　102
牧草用機械はもらう　102
農機はネットオークションで買う　103
安く落札するならシーズンオフがねらいめ　104

「農業こそビジネスチャンス」は本当か……105
生活できるだけの収入が得られれば
いいじゃないか　105
農業参入した企業は農地を守れるか　105
小さな農家を増やすほうが元気な村ができる　106
農家の強みはお金がなくても生きていけること　107

命をいただいていることを伝える……108
家畜がお肉になることがつながらない人がいる　108
これはきっと閉鎖的なところがいかんのだ　108
牧場見学、アイガモ解体体験、出張授業　109
どんなお医者さんでもできないこと　110

第1章● 小さい畜産の魅力

どうして少頭多畜・加工経営なのか？

❖アレルギー体質は食べもののせいかもしれない

私の生まれは１９６５（昭和40）年です。幼少期は高度成長期と重なり、ちょうどインスタント食品や加工食品が増えてきた頃だと思います。それらは子どもにもおいしいと思わせる味ばかりで、また料理をする親たちも手間が省けるゆえに、そういった食品が家庭に並ぶことは多かったのではないでしょうか。

わが家も例に漏れず、よく食卓に赤いソーセージや形の整ったハンバーグが登場したものです。

今思えば、そういった食品の影響ではなかったかと思うのが私のアレルギー体質でした（図１―１）。アトピー性皮膚炎をはじめ、喘息など、たいへん病弱な幼少期を過ごしました。それらは「大人になったら治る」と言われ続けて成人を迎え、今に至ります。

今でこそ妻がそういう時代の反省を含めて食生活をしっかり考え、材料や調味料を厳選して料理してくれているのもあってか、症状はさほどひどくなく落ち着いた状態でいますが、結婚前は入院するほどひどい症状でした。

❖その栽培法に問題はないのか？

なぜ、食とアレルギーの関係を疑うようになったかといえば、こんなことがあったのです。

結婚前にアレルギーの検査をしたところ、なんと主食の米で反応が出てしまい、医者と相談して米を一時食べるのをやめたことがありました。その時の代用食はジャガイモでした。毎日主食としてイモばかり食べていましたが、逆に体調を崩してしまいました。そこで、少々アレルギーが出ようとも、やはり日本人であることを納得して米を食べ始めたのですが、「ちょっと待てよ、これって米というより、その栽培法に問題があるんじゃないのか？」という疑問にぶち当たりました。

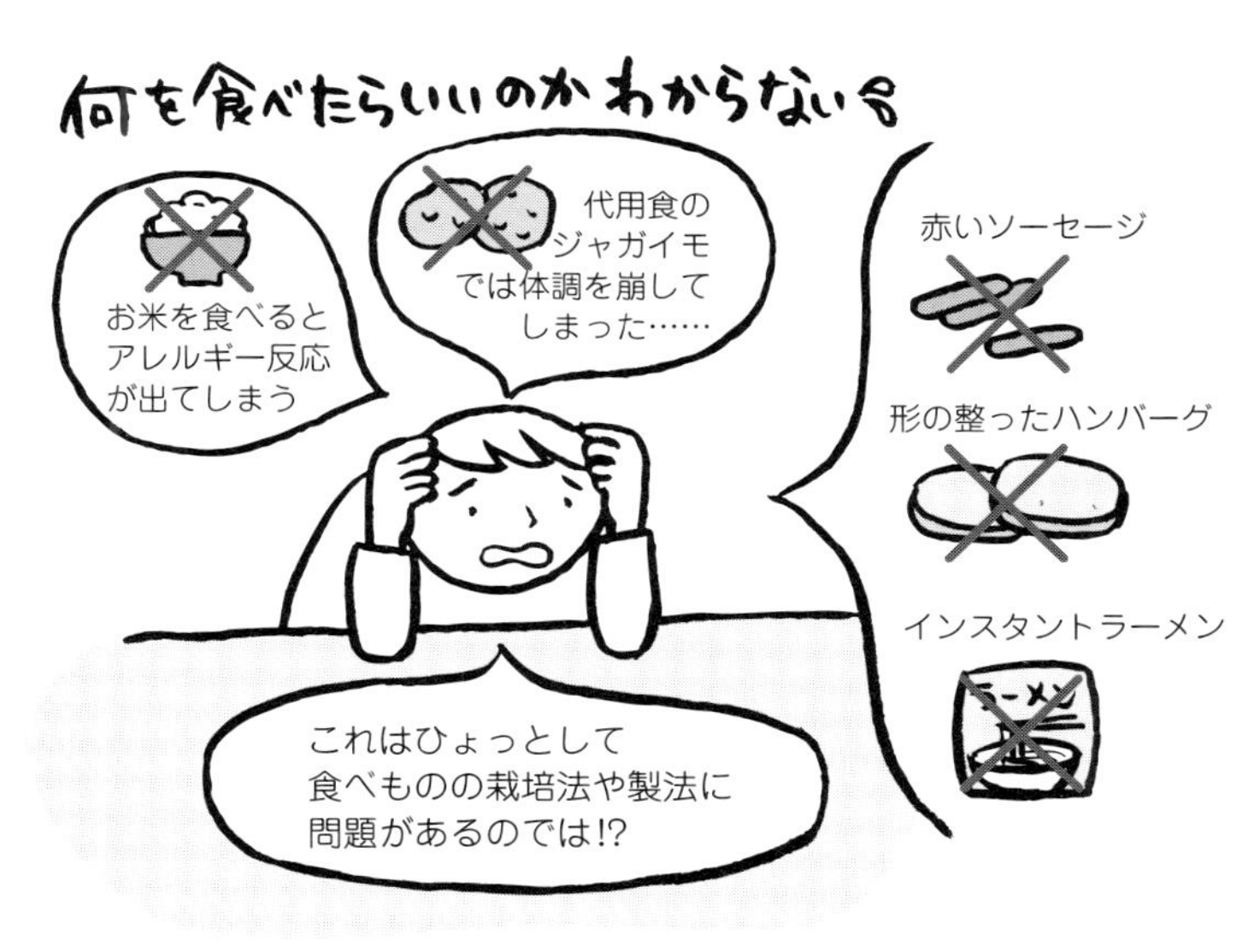

図１－１　幼少期のアレルギー体質

もちろん科学的な根拠は何もありません。なんとなくの思い付きでした。

ちょうどその頃、祖父から農業を引き継いで米つくりを始めていたので、無農薬栽培をやってみようと思いました。しかし、まったくの無農薬栽培はできませんでした。周りは、「この時期にはこの薬をやる」というふうに、まるで水の管理をするように当たり前に農薬をどんどん使っていたのです。農業を始めたばかりの青年にはそれに刃向かうようなことはとてもできませんでした。

❖祖父―多頭飼育の元祖―の真似はとてもできない

祖父はこの地域で繁殖和牛の多頭飼育を広めた人として有名で、牛飼いで「はるまっつぁん（明末と書いて、はるまつと読む）」という名を聞いたことのない人はいないほどでした。昔は庭先に役牛として１～２頭だけ飼うのが普通で、大きな牛舎でたくさんの牛を飼うことは珍しいことだったのです。

祖父は牛飼いの技術も勉強熱心で、半端ではない人でした。よい牛を育て、品評会も常連で名を連ねていました。

しかし、自分だけでなく他人にもかなり厳しく、農作業を家族が手伝っても、まっすぐに苗が植わっていないとどなり散らしました。田んぼも限られた面積からいかにたくさん収量を得るかというところにこだわりを持ち続けていた人だったので、とても祖父の指導は受けられないと思っていました。それに、私は農業が嫌いだったので、何より早く廃業してくれないかなと思っていたものでした。

高校を卒業後、医療関係の仕事に就きたくて選んだのが歯科技工士でした。小さい頃から手先が器用でモノ作りが好きだったので、あこがれの医療系の仕事として特技が活かせるというのは願ったりかなったりでした。専門学校を卒業後、大学病院の研修生として勉強し、その後地元に帰ってきて歯科技工士の仕事をやっていましたが、2年ほどして体調を崩し、24歳で退職してしまいました。

❖誰も農業なんて見向きもしなかった時代に就農

次は何を仕事にしようかと、ふらふらしていたときのこと。当時はバブルの絶頂期で誰も農業なんか見向きもしなかった時代に就農しました。

その頃、祖父は余命数日という状態で、最後まで飼っていたはえぬきの母牛3頭をどうするか家族会議を開いたときに「俺がやる」と言いました。祖父はこの言葉を聞いてたいそう喜んでくれ、その後亡くなりました。

農業が好きだという気持ちは正直あまりありませんでした。しかし、それ以上に思ったのは、「この但馬の地に昔からある伝統産業のひとつをここで絶やしてはいけないのではないか」ということでした。

さて、当時はトヨタ自動車の新入社員が約５０００人強で、全国の新規就農者は５０００人足らず。なんと、一企業の採用者数と、第一次産業全体の就業者数が変わらなかったのです（２０１６年の新規就農者は６万１５０人！）。

メディアも私の就農をおもしろおかしく取り上げました。今どき（農業を始めたりする）こんな変わったやつがいるとでもいうふうに……。しかし、自分の中ではポリシーをしっかり持っていたつもりです。「朝、太陽が昇れば起きて仕事をし、日が落ちれば寝る。晴れれば仕事、雨が降れば休み」という晴耕雨読そのものが実践できる、こんな豊かな仕事はないぞと。

祖父が残した繁殖牛３頭と水田70ａから始めた

そんなことを思いながら始めたのが、祖父の残した繁殖母牛３頭と、水田70ａでした。

就農してすぐに祖父は他界してしまったので、何ひとつ教えてもらうことはありませんでした。参考になりそうなものはほんの数冊の本と祖母の話。そして自分が小さいときにいやいやながらも手伝って見てきた経験だけが頼りでした。トラクタの運転だけは楽しく、小学生の時から得意ではありました。やはり小さい頃に体験したことは貴重なもので、それなりになんとかなるものでした。

しかし、どこかに後ろめたさはありました。農業を始めるやつなんて都会で失敗して田舎に帰ってきたか、長男なので〝しかたなしに〟帰ってきたと言われていた時代です。花形職業といえば証券会社や金融機関など。そういえば、近所のおじさんが証券会社に勤める息子の自慢をしていたのを思い出します。

そう言われるとだんだん考え込んでしまうもので、表向きはカッコイイことを言っているけれど、ひょっとしてこのまま嫁さんなんか来ることなく終わっちまうんだろうか、友達なんてできんのちゃうやろか、などなどマイナスな面ばかり考えている自分がいました。

人間の命を支えているのが第一次産業なんだよ

そんな頃、新しい出会いがありました（図１―２）。山形でとあるシンポジウムがあり、その地域の農業青年とお酒を飲む機会があったのです。最初はどうせ田舎モンの集まり、しょうもない話でうだうだ愚痴を言っているんだろうなと思っていたのですが、まったくの逆でした。みんないきいきと輝き、こんなすばらしい仕事はないと話す様子は、本当にそう思って農作業に打ち込んでいる姿そのもののようでした。

そんな時、私に声をかけてくれた人がいました。農業後継者に向けた著書をいくつも持つ小松光一先生です。私の顔を見てすぐにわかったのでしょう。「君はひょっとしていやいや農業をやっているのではないか？」と。まさに心を読まれていました。そういう表情をしていたんでしょう。「君は勘違いをしているぞ」と諭されました。

ふざけたようなわが牧場の名前、「わはは牧場」を命名

図1－2　新しい出会い

していただいたのもその時です。

「農業は人間が生きていくうえになくてはならない仕事なんだ。お金があっても食べものがなければ生きていけない。その食べものをつくり、人間の命を支えているのが第一次産業なんだよ。今は苦しい時代かもしれない。けれど、きっと笑える時が来る。人間が心の底から笑うときは、〝うふふ〟でも〝おほほ〟でもない〝わはは〟なんだ。そういう時が必ず来るから君もがんばりなさい。なので君の牧場は〝わはは牧場〟と命名しよう」

まさに今の時代を見抜いた言葉です。先見の明ここにあり。小松光一先生はその時にすでに30年先を読んでいたのです。

目から鱗とはまさにこのこと。ここからわはは牧場が始まり、私は生まれ変わりました。時間が自由に使える仕事、農業という仕事をやっているからこそ人との出会いがあると思えるようになったのです。いや、実際にそうでした。都会の異業種の友人も増え、その交流は今でも続いています。

❖転機はアイガモ処理場の経営移譲

その後、父が教員を定年退職をしたのをきっかけに水田でアイガモ農法を実践。ようやく念願の無農薬米を食べられるようになりました。

アイガモ農法は、田んぼで米（植物）とカモ（動物）を同時に育てられるのがいちばんの魅力です。田んぼで仕事が終わったアイガモは、人間が食用にしないと完結しません。しかし、アイガモは水鳥のため、ニワトリのように簡単に毛がむしれません。どうしても細かい羽毛が残ってしまうのです。なので、一般の食鳥処理場でお肉にすることは不可能でした。困った父は、「誰もしてくれないなら自分でしよう！」とアイガモ処理場を自力で建設。はじめは自家用程度にしか考えていなかったのですが、わが家と同じように困っている農家が他にも多く、「うちのカモもさばいてくれんか？」と、問い合わせが殺到しました。

１９９７（平成９）年にできたアイガモ処理場はしばらく父の仕事でしたが、ある日、父が突然倒れて他界。急にその仕事を引き継ぐことになり、包丁を持つのが仕事になりました。農業を始めて15年、２００４年でした。ほんと人生なんてわからんもんです。

❖エサで肉質が変わるならば、エサを自分でつくろう

いろんな農家のアイガモをさばいていると、それぞれ個性があります。品種や飼育環境（地域性）の違いはもちろんですが、エサによる肉質の違いもわかってきました（図1―3）。

穀物が多く栄養価も（値段も）高い配合飼料（はいごうしりょう）（32ページ）をやっている肉は脂（あぶら）が多く、多すぎてギトギトしているものもありました。くず米や野菜くずだけで育てている肉はあっさりした感じ。くず米や野菜くずのほうも、まったく脂がないわけではないので、私としてはこちらのほうが好みでした。

ならば、自分たちで育てるものは、とことんエサにこだわろう。それはアイガモでも豚でも牛でも同じです。何より確実なのは自分でエサをつくること。そうすれば遺伝子組み換え、ポストハーベストなどのエサにまつわる不安要素はいっさいなくなります。家畜、いや、動物が本能的に欲しがるエサをつくろうと思いました。それをやれば家畜といえども極力自然な動物でいられ、臭（くさ）みがなくて脂のあっさりしたうまいお肉になるはずと思ったのです。

図１－３　転機となったアイガモ処理場の継承

そして、アイガモ処理場を引き継いで仕事を始めてみると、そこは当然ながらお肉の処理ができる施設であるわけで、豚をさばく、牛をさばくという仕事が特別なことなく始められることになったのです。

❖自分たちで豚も飼おう、牛の肥育も始めよう

豚を飼い始めたのは、私のお肉好きがきっかけでした。アイガモ処理場を引き継いで間もなく、近所でこだわりの養豚農家さんがいると知り、そこのお肉でベーコンを作ってみようとなりました。塩と香辛料だけで仕込んだものでしたが、シンプルゆえとてもおいしいものができました。その後、定期的にその豚肉を仕入れては仕込むことにしていたのですが、その方が突然養豚をやめるという連絡が入ったのです。

そこで、自分たちで豚も飼おうということになりました。牛を飼っているのだから、それより小さい豚なんて簡単だ～。そんな軽い気持ちで。なんでもチャレンジです。

ただし豚は、いきなり10頭近く産みます。母豚を飼って子豚を産ませる繁殖から始めるとなると、あっという間に多頭飼いになってしまってとても無理なので、子豚を仕入

図1－4　少頭多畜・加工の経営へ

れて育てる肥育から始めることとしました。地元の子豚市に買いに行って2頭購入、養豚が始まりました。ただ、残念なことに繁殖養豚農家の減少で豚市も閉鎖となり、初めて参加した市が県内最後の子豚市となってしまいました。それ以降は兵庫県で1軒だけになった繁殖農家から子豚を直接仕入れています。

2頭の子豚を連れて帰ったとき、じつはまだちゃんとした豚舎というものができておらず、あいていた農地にあったビニルハウスで飼うことになりました。ハウスの中に豚を放し、ごそごそ遊ばせているうちに柵を作るという、なんとも簡単というかある意味危険な作業でしたが、追い詰められればなんとかなるもんです。簡単ですが、その日のうちに豚小屋ができてしまいました。

そして、念願の牛の肥育も始めました。それまでは牛を飼っているのに牛肉を食べられないことだけが残念でした。肥育といっても、こちらは経産牛です。経産牛とは出産をくり返したお母さん牛で、今までも繁殖適期が過ぎた牛はある程度肥育して家畜商に引き取ってもらっていましたが、自給飼料のみで飼育できるようになってようやく自分で食べたいお肉となり、その結果、自信を持ってお肉の販売が始められるようになりました（図1－4）。

❖わが家の牧草畑でまかなえる頭数に牛を減らした

100％地元で手に入るエサで飼い、夫婦2人で精肉処理して販売するには、牛の肥育で年間約1頭、豚で年間（実質半年）約10頭で精一杯です。

ちなみに、繁殖和牛のエサは一般には輸入飼料が多用されていますが、わが家ではこれを地元のものでまかなう努力をしています。最近では子牛価格の高騰が続いているので売上を増やすには頭数が多いほうがよいのですが、エサの自給率を上げたいため、わが家の牧草畑でまかなえるように、20頭ほど飼っていた繁殖和牛を思い切って10頭まで減らしました。

❖お肉にして自分で売れれば、好きな値段が付けられる

繁殖和牛の子牛は、市場で値段が付けられます。同じように育てた子牛ですが、出来の良し悪しによって月とすっぽんほどの価格差が出ます（たとえば、1頭当たり150万～30万円）。それが予想外の高値になり、うれしいこともあるのですが、たいがいは思っていたより安かったという場面がほとんど。自分で値段を付けられないのが悔しい！

しかし、お肉にして自分で売れれば、好きなように値段が付けられます。とはいっても、そんなに変動させることもできませんが。

今ではわが家の精肉加工販売はインターネットでの販売が多数を占めるようになりました。それが約6割でしょうか、残りは販売店舗での直売です。以前は道の駅へ出荷したり、イベント販売などでの売上もありましたが、冷凍での販売になるため設備の整わない店があったり、土産物といっしょに並ぶと見栄えのよい商品に埋もれてしまい、わが家の商品の価値を発揮できないので、今はやめています。

労働力は2人。それで現在の年間売上は約1250万円、直接的な経費が約450万円、差し引いた大まかな金額は約800万円です。現在の畜産では、所得を増やそうと多頭飼育をめざしても、売上が大きいわりに利益率は低い経営が多そうです。わが家では、エサがほぼ自給できている分、経費が少ないので、売上がそれほど多くなくても利益が出やすいということはいえるかもしれません（図1—5）。

①肥育牛農家

（月平均飼育頭数　103.2頭
販売頭数　65頭）

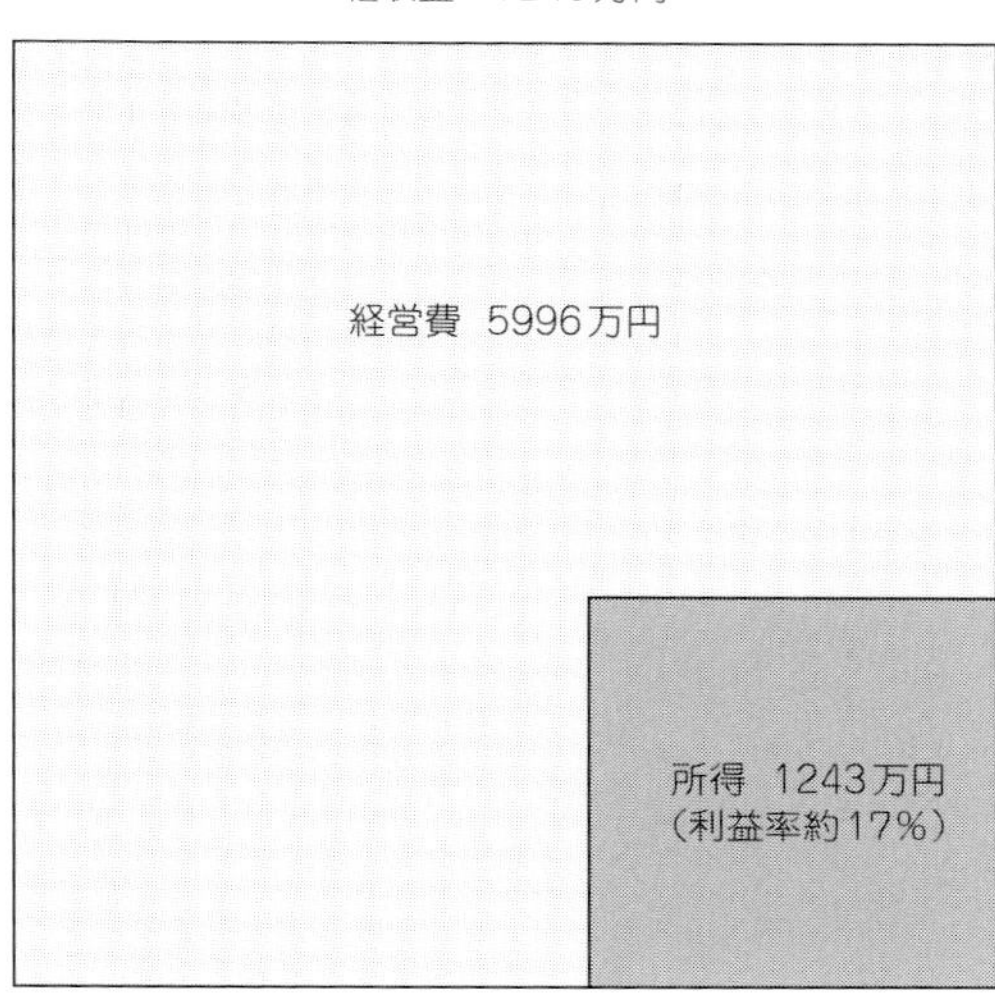

②繁殖牛農家

（月平均飼育頭数　14.8頭
販売頭数　11頭）

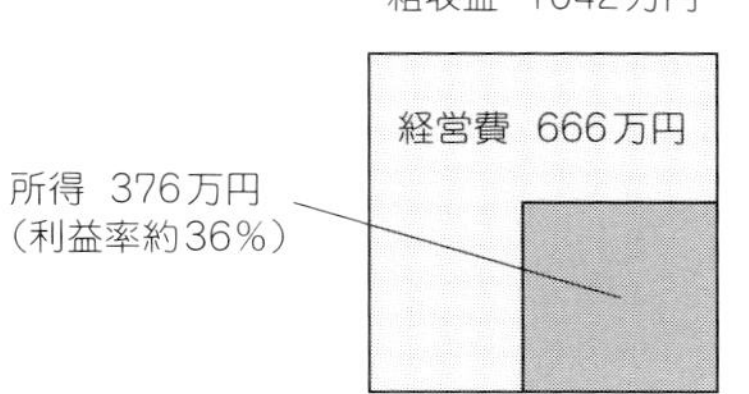

③わはは牧場

（繁殖牛飼育頭数　10頭
販売頭数　8頭
※所得のうち500万円は
アイガモ処理部門）

内訳

アイガモ処理人件費	200万円	経産牛の処理費	5万円
牛の配合飼料代	130万円	豚の処理費	5万円
牛の人工授精代、牛の共済費	50万円	冷蔵庫電気代	30万円
		光熱費	30万円

※減価償却費、交際費、修繕費などは入っていないので、税務上の決算額とは異なる

年間売上　1250万円

直接的な経費
約450万円

約800万円
（利益率約64%）

図1－5　全国の肉牛畜産経営の収支（1経営体当たり）とわはは牧場の収支

①②は農林水産省2015年農業経営統計調査より。③は2016年のもの

1日の仕事、1年の仕事

わが家では年間を通して同じ仕事をくり返す日々はなく、毎日同じようでも違う日々。予定もおおまかなものは立てても、気候や体調により当日になって変更することがよくあります。

❖牛のエサやりの合間に他の仕事をやる

年間通して変わらないのは、牛がいるということ。なので、必ずしなければならない仕事は牛のエサやりです。それでも朝は比較的ゆっくりです。子どもたちを学校に送り出してから牛舎に行き、牛の様子の観察がてらエサをやります。他に何もなくても、そのあとお昼にもう一度様子を見に行き、夕方には再度エサをやり、夜の点検で1日が終わります。

この日課の合間に他の仕事をやるようにしています。秋の牧草の収穫時期には時間がおして夜中の作業になることが年に数日ありますが、逆に夜中でもできる仕事（ライトを点けたトラクタで田の耕耘（こううん）作業など）はあえてその時間にすることもあります。

年間の作業は次のような感じです（図1―6）。

❖豚・牛の加工はアイガモの裏シーズンに

1月…豚さばき、牛さばき、子牛の出荷

雪が降る地域なので農作業はできません。この時期から豚のお肉をさばく豚さばきが始まります（8月までの間に約10頭）。牛さばきもこの時期にすることが多いです。

前年に生まれた子牛を販売できる時期（生後約9カ月）でもあり、牛市に出荷します。

2〜3月…ベーコン、ソーセージ加工

引き続き、豚さばきやベーコン、ソーセージなど食肉加工品を作ったりします。豚は月に1〜2頭さばきます。豚肉の売れ行きに応じて肉のスライスなど、時間があるときにはメニューを試作したりもします。

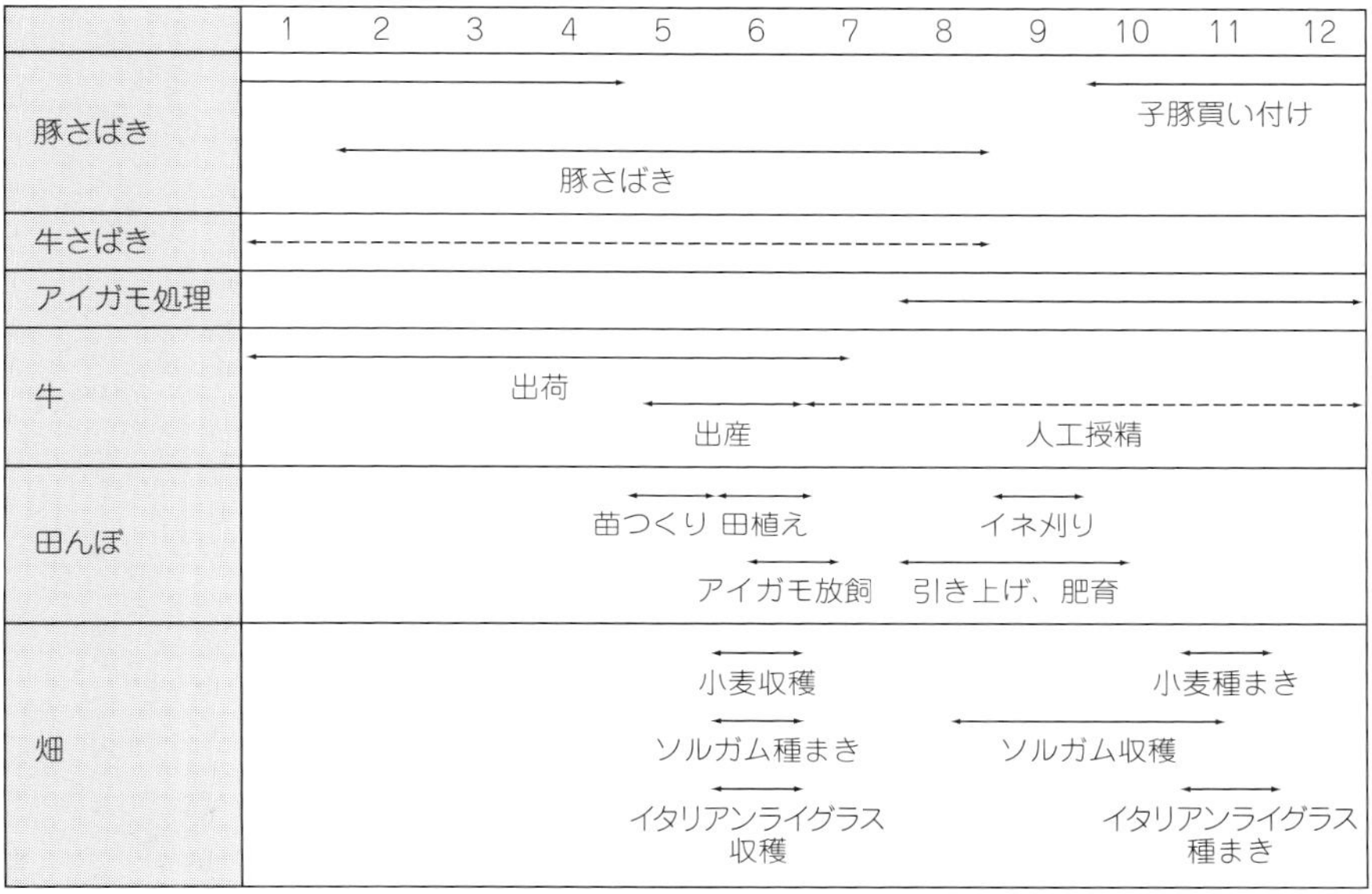

	1	2	3	4	5	6	7	8	9	10	11	12
豚さばき	子豚買い付け、豚さばき											
牛さばき	（点線）											
アイガモ処理												
牛	出荷、出産、人工授精											
田んぼ	苗つくり、田植え、イネ刈り、アイガモ放飼、引き上げ、肥育											
畑	小麦収穫、小麦種まき、ソルガム種まき、ソルガム収穫、イタリアンライグラス収穫、イタリアンライグラス種まき											

図１－６　わはは牧場の１年の仕事

点線（----）はこの期間の中で不定期に行なうことを示す

まだ寒い日が多く、外は雪の季節です。但馬の牛市は2月にはありません。3月の市に出荷します。

4月…豚さばき

外の様子が気になり、気ぜわしくなってきます。畑に堆肥をまいたり（図1―7）、野菜つくりなど農作業もぼちぼち始まります。豚のお肉をさばく事に加えて畑仕事がふえてきます。

5月…田植えの準備

田植えの準備としてモミの塩水選から始まり、種まき、芽出しと苗つくりが始まります。田んぼも耕して代かきもしておきます。新茶を摘んでお茶つくりするのもこの時期です。

そしてこの頃、子牛が産まれ始めます。

6月…田植え、アイガモ放飼、麦刈りなど

田植えが始まります。この地域での栽培品種のほとんどはコシヒカリですので、ご近所さんはすでに5月上旬から中旬にかけて植え終わっています。わが家もコシヒカリですが、6月1週のギリギリまで田植えを遅らせます。というのは、田植え後すぐにアイガモを田んぼに放すのですが、気温が低いと生存率が下がってしまうので、少しでも日が経って暖かくなるのを待っているのです（図1―8）。

（糞からエサを……）　＊ソルゴーはソルガムのこと

ラップした
牧草は
ドライフルーツの
ような甘い
においがして、
牛もよく食べるよ
牧草は
牛のエサとなり
牛を育てる
8月下旬から順番に
刈り取り、ラップにくるんで
サイレージ（51ページ）にして保存。
嫌気発酵して
栄養価が増します
秋の終わり
には
2番草が
とれるよ

図1－7　牛の循環

田んぼの循環（イネとカモ）
農法
田植えの頃に
産まれたカモのヒナを
田植え後の田んぼに
放します
カモのエサは
くず米や米ぬかを
中心に与えます

（イネとカモ）

秋、イネ刈りをしてお米を収穫
くず米や
米ぬかはカモのエサに
なります
カモの
おかげで
除草剤や農薬は
いりません
安全で良質な
お米が
できます。
アイガモ
イネとカモがいっしょに
大きくなります
カモが
虫や草を
食べます
カモのフンが
肥料になります

図1－8　田んぼの循環

5月中旬ではまだ寒い日があります。

アイガモが田んぼに入ったらすぐに、アイガモをねらう犬やイタチ、カラスからの獣害対策としてテグス張りなどをしっかり行ないます。

そしてその頃、麦刈りも始まります。刈り取った小麦はすぐに乾燥させ、丸い麦のまま冷蔵庫に保管しておきます。この時期もまだ豚をさばきます。

春収穫の牧草の収穫も始まります。秋収穫の牧草の種まきも始まります。牧草を刈った後、種まきの前には堆肥散布もあります。

7月…牛の種付け

田んぼにいるアイガモも日に日に大きくなってきて、除草効果も目に見えてきますが、カモがイネと区別がつかないヒエだけは生えてきたら人力で取ります。またアイガモは田んぼにいるこの頃にしっかりエサをやらねば大きくならないようです。

牛の人工授精が始まります。わが家は季節繁殖（39ページ）としているので、種付けはこの頃から約半年間の間だけです。前年に生まれた子牛はこの時期までに売ってしまいます。

仕事のあいまを使って畑仕事、梅干し、梅ジャムなども

広いスペースで飼うことで、糞の始末も必要がなく、
エサやりだけで毎日の仕事が終わります。豚は鼻が強く、
エサ箱でも何でもひっくり返すので注意が必要ですよ

図1－9　豚の仕事

つくります。

❖夏から年内いっぱいはアイガモ処理

8月…牧草の収穫、アイガモ処理の始まり

イネの穂が出始めるので、田んぼからアイガモを引き上げ、肥育場所へ移動させます。

豚の処理は８月上旬で最後になります。そして、いよいよアイガモ処理が始まります。牧草の収穫も始まります。

草が小さいうちにやるといいよ

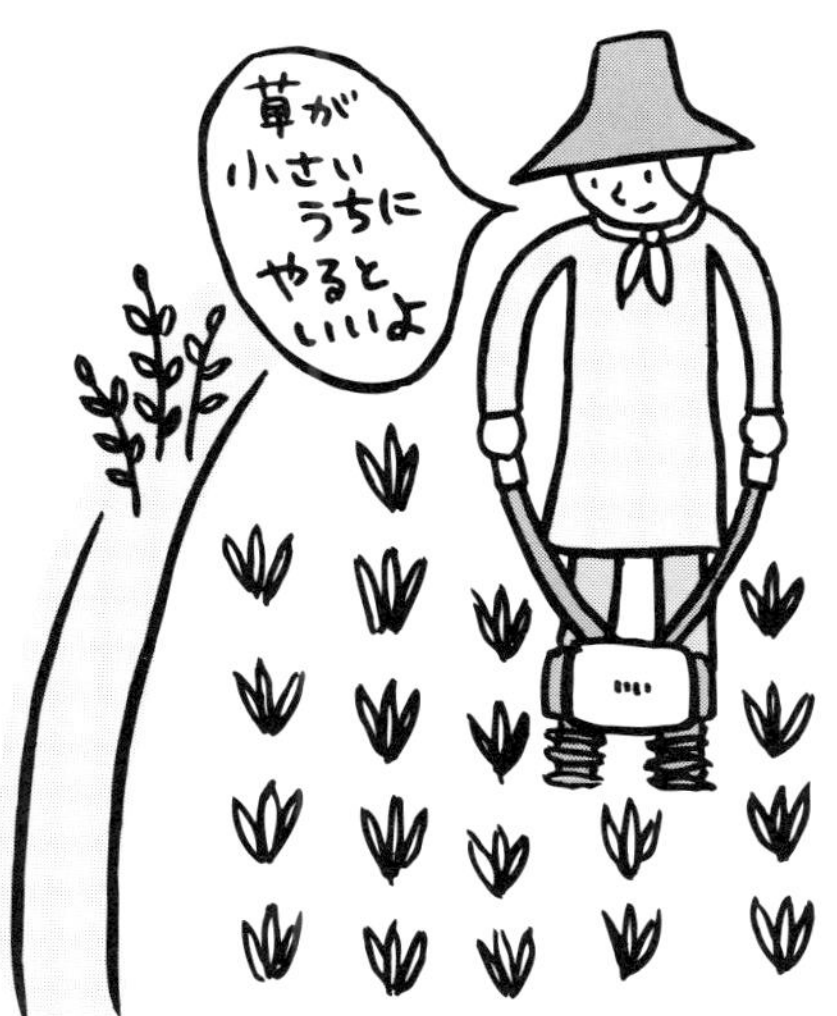

管理機（小型の耕耘機）の幅に合わせてタネをまき、春の草が生え始めの頃に除草すれば、草退治は簡単!!　タイミングがよければ１回の除草ですみます

図１－10　小麦づくり

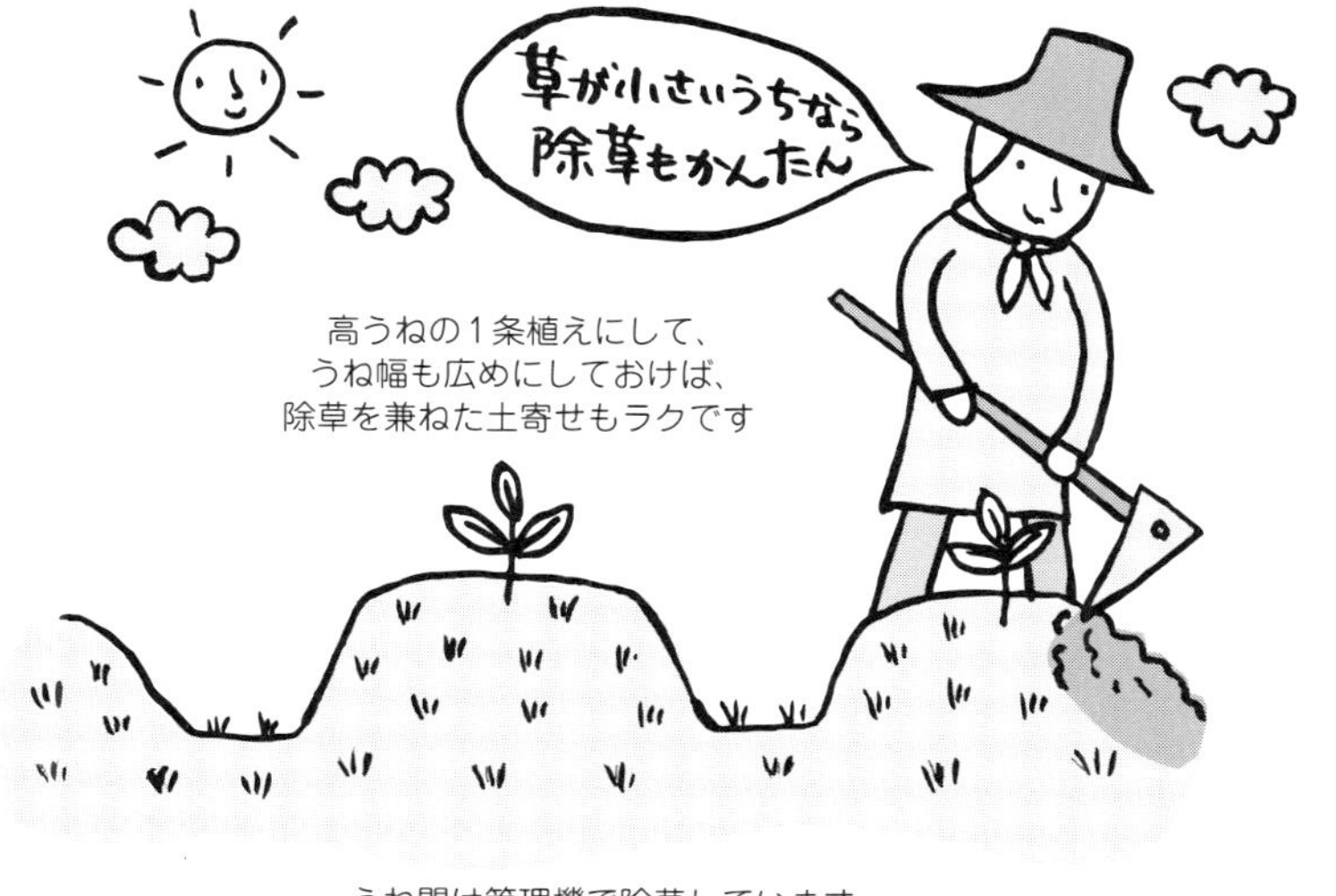
草が小さいうちなら除草もかんたん

高うねの１条植えにして、うね幅も広めにしておけば、除草を兼ねた土寄せもラクです

うね間は管理機で除草しています

図１－11　ジャガイモつくり

9月…**イネ刈り**

いろんな地域のアイガモ農家から持ち込まれたアイガモの処理が12月まで続きます。1日平均80羽のアイガモ、アヒルを平日毎日スタッフ5名で処理作業しています。

イネ刈りも始まります。

10月…**牧草の収穫、カモ鍋セット販売開始**

アイガモ処理と牧草の収穫が続きます。わが家のアイガモも合間に処理し、お肉単品だけでなくカモ鍋セットとして販売します。

この頃、冬以降にお肉になる子豚がやってきます(図1—9)。

11月…**牧草と小麦の種まき**

アイガモ処理は続きます。

牧草の収穫がようやく終わりますので、引き続き秋まきの牧草の種まきと、小麦の種まきをします(図1—10)。

コロッケの材料にするタマネギはこの頃に、ジャガイモは3〜4月に植え付けます(図1—11)。

12月…**カモ鍋セット販売**

年によっては年をまたぐこともありますが、ほぼ年内でアイガモ処理が終わります。わが家のアイガモ肉はこの時期にはほぼ完売となります。

小さい畜産Q&A

Q　畜種が増えると働き方は変わるの?
エサは何を与えるの?

A　わが家では、アイガモは別として、繁殖和牛10頭に加えて経産牛肥育を年に約1頭、豚の肥育を年に約10頭増やしたことになります。新たに畜種(ちくしゅ)を増やすと、毎日の作業が忙しくなるのではないかとか、エサのやり方(飼い方)が難しいのではないかと思われるかもしれません。しかし、まったくそんなことはありません。

たとえば、図1—12は現在のわが家の日中の働き方です。年の前半は豚か牛の肉処理が入り、年の後半は同じ時間に

畑仕事かアイガモの肉処理が入ってくる違いはありますが、朝夕2回の牛（繁殖和牛）のエサやりの時に同じ牛舎にいる経産牛に同時にエサをやり、豚はそこから歩いてすぐの豚舎に行ってエサをやるだけのことです。

豚のエサは地元の野菜くず、せんべいくず、くず小麦など。手に入れるためにクルマを走らせる必要はありますが、安くてすみます（くわしくは44ページ）。経産牛のエサは、高くつく配合飼料を与える繁殖牛と違ってほぼ牧草だけですませています。もちろん自分でつくるので、種まきや刈り取りなどは必要ですが、毎日の見回りや雑草の管理とかの手間はそんなにかかりません（くわしくは49ページ）。

何より自分で育てたお肉が食べられるのです。自分の手で育てた家畜のお肉はおいしいですよ。ほんとに。

Q　豚の肥育って難しくないの？

A　子豚を市場などで買ってきて肥育から始めれば難しくありません（41ページ）。

豚は雑食なのでなんでも食べます。土の上にハウスを建て、周りを単管パイプで囲い、不安なら電気柵を設置するだけで豚舎が作れます。土の上で育てれば自分でエサを探して食べるし、泥んこになって遊び、豚の本能が発揮されます。見ているこちらが不安になることもありますが、本人（本豚？）たちはおかまいなし。楽しんでいるようです。雪の中を走り回る姿は子どもといっしょですね。

Q　病気の心配はないの？

A　豚では、子豚を仕入れている農家さんのところで最低限の予防接種（豚コレラとグレーサー病）はしているとのことですが、

●1月から7月くらいまで

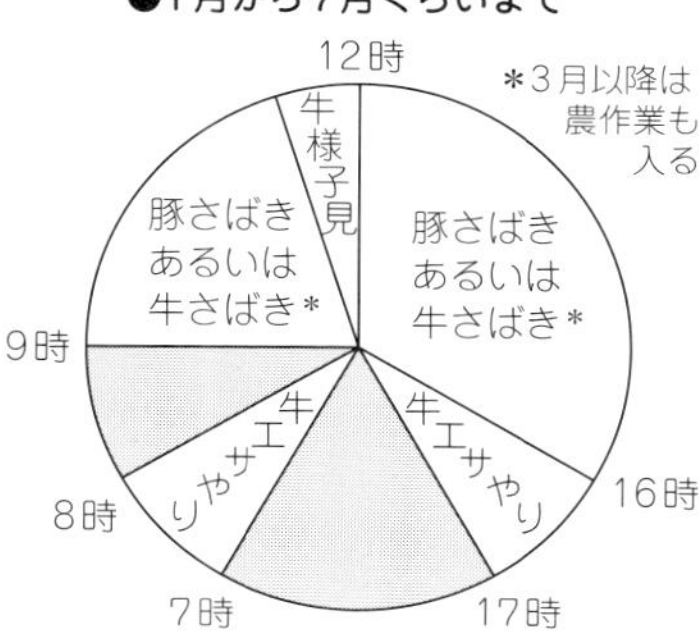

●8月から12月くらいまで

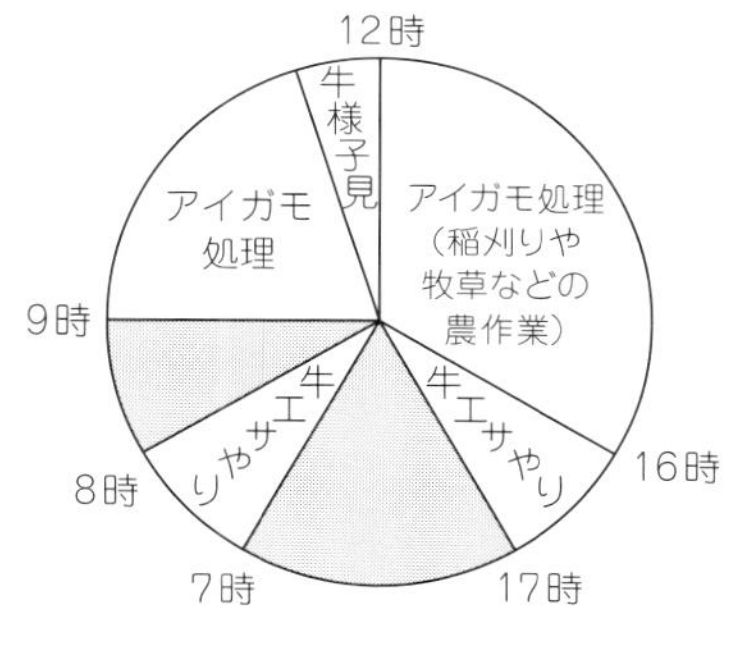

図1－12　わはは牧場の働き方

わが家に来てからは元気そのもの。

　豚には、地面を掘る、水たまりで遊ぶ、などの本能がありますが、通常ではコンクリートの床の上で飼うのでどうしてもストレスがたまるのではないでしょうか。「穴掘り、やりたくてもできないよ〜」という豚の声が聞こえてきそうです。少頭飼いなら、土の上で飼うことが可能です。そうすれば閉じ込められていた本能が発揮され、豚が動物として生き返るといえば大げさですが、ほんとに楽しそうに遊んでいます。たまにはケンカもしますが、寒い夜に寝るときは寄り添って、また暑い日は体が埋まるまで深い穴を掘り地面にフラットなまでに埋まって暑さをしのいでいて、一見「どこにいるの？」と思うようなこともあります。

　牛も、狭い牛舎に閉じ込めっぱなしではなく、放牧とまではいきませんがパドック（牛の運動場）でエサやりの時以外は自由にのんびりと過ごしています。その奥は急な岩山になっていて、石だらけのガレ場でも登っていきます。足腰が鍛えられるのか、出産も心配することはありません。出産事故はゼロです。季節繁殖をしているせいか、子牛の下痢や風邪も重症化することはありません（40ページ）。

Q　糞尿処理は毎日やるの？

A　畜産は規模が大きくなると糞尿(ふんにょう)の量も多くなり、畜舎から運び出したり、畑にまいたりするのも大変です。小規模なら、糞(ふん)を小さいサイクルで循環させることができます。無理なく糞を畑に還元できるのです。豚の場合は土の上で飼っているので実質糞出(ふんだ)しは不要です。牛は週イチ程度で糞出しし、まとめて堆肥舎に積んでかき混ぜて発酵を促し、牧草田に入れています。
　畜産の盛んな地域では、堆肥処理してくれる施設があると思います。1t当たりいくらかの持ち込み料金はそう高額でないかもしれませんが、運搬などにかかる経費も含めると馬鹿になりません。

Q　エサ代は高くつかないの？

A　今や畜産の飼育技術は完成の域を迎えていると思います。DCP（可消化粗タンパク質）やTDN（可消化養分総量、カロリー）といったアルファベット数文字で示される栄養価計算などをもとに、グラム単位のエサの量が成長度数との割合で飼育日数とともに決められ、いちばん効率のよいとされるところが決まっています。それを超えると効率が大幅に落ちるといわれ、1万頭養豚だと1日出荷が

延びるとエサ代が１２０万円増えるともいわれています。

その点、頭数が少ないとエサの確保に困らないので、効率を気にしたところでたかが知れています。数が少ないからこそ確実な飼育管理が必要と考えることもできますが、豊富にエサを与えることができればあまりこだわる必要はないと私は思います。

わが家では、繁殖農家の都合もあって子豚を1回に2〜4頭仕入れますが、出荷は2カ月以上ずれることがあります。それでもエサ代が気になるなんてことはありません。

経産牛の肥育も、わが家はほとんど草だけで育てています。一般にはエサ代が高くつく穀物多給が主流ですが、うちは仕上げ体重優先ではなくエサの自家生産(じかせいさん)が優先なので、エサ代は気になりません（図１―13）。

Q　エサ代は為替相場や原油価格に左右されないの？

A　わが家のように、ほぼ１００％地元で手に入るエサを与えていれば、エサ代の変動は心配いりません。

一般に家畜の飼料の多くは、輸入された遺伝子組み換え穀物やポストハーベスト処理されたものが原料として使われています。しかしわが家ではそういうものをいっさい与えず、人間がそのまま食べることができるもののみエサと

図１－13　エサの自家生産が優先

して与えています。

そのような原料も気になりますが、輸入の飼料は為替（かわせ）相場や原油価格の変動により大きく値段が変わるのがネックです。しかも、値上げは早く、値下がりは遅いです。少しでも安く買うために相場のチェックや価格変動などに目を光らす毎日といえば、なんか世界を見ているようでかっこいいようですが、正直私は疲れました。そんなことに労力は使いたくありません。

ちなみに、豚はレストランの残飯やコンビニの廃棄物でも飼えるという話も聞きますが、添加物のことを考えると私はちょっと不安です。

また、「自家配合（じかはいごう）」と「自家生産（じかせいさん）」の飼料はまったく別のものです。自家配合は輸入飼料を自分で混ぜてもうたえますが、自家生産は間違いなく国産、いや、地元産です。言葉が似ているからか、よく混同されがちなうたい文句ですね。

Q　精肉加工のいいところは？

A　精肉の処理や最終の商品化まで自分でやれば好きなように販売できるほか、何より経費がかからないのがうれしいです。そのままでも高値で売れる部位はそのままに、単価の安い端肉など加工品にしたほうが売りやすい部位などは加工品にして売っています。品質が悪くなったからミンチにするとか、加工に回すとかいう考えはありません。あくまで部位ごとの販売のしやすさや加工することによる付加価値の判断です。それより何より、自分が食べたいものであることがいちばんかと思っています。

精肉加工すれば、豚1頭が約15万円に、経産牛1頭が約100万円になり、それぞれ肉豚、肉牛として市場に出荷するのと比べて約3倍の売上になります。

第2章● 小さい畜産の飼い方

繁殖和牛経営を安定させるには

❖単一の多頭飼育では危険かもしれない

私は3頭の繁殖和牛の飼育から農業を始めました。牛飼い専業の多頭飼育をめざし、まずは30頭規模まで増やす予定でした。牛舎も大きいのを建て、目標に進んでいくように思われましたが、2001年の秋、ちょうど借金返済の時期にBSE（牛海綿状脳症）、産地偽装問題などで市場価格が低迷。タイミングが悪かったとはいえ、頭数が増えることによる収入増どころか、増えるほどに収入が減り、意欲もなくす、結果いい子牛が育たない、借金の返済で精一杯、という悪循環におちいりました。

結局、外に働きに出るというますますの悪循環（一時、地元高校のパソコンの講師をしました）。逃げの考えだったかもしれませんが、自分の力ではどうにもできない風評被害などによる市場価格の低迷によって、「牛だけという単一の多頭飼育では危険かもしれない」と思うようになりました。「但馬牛という伝統産業を絶やしてはならない」という思いから始めた牛飼いでしたが、裏を返せば「牛が好き」というわけではありませんでした。ビジネスとして始めたつもりの仕事なのに、頭数を増やせば増やすほどお金にならない現実は厳しいものでした。

❖経営を圧迫していたのはエサ代

繁殖和牛を20頭ほど飼っていたときに経営を圧迫したのは、やはり飼料代です。子牛の市場価格が安い＝収入が少ない、となるので、子牛価格が低迷していた時代には支出の大半を占めるエサ代をケチるしかしょうがなかったのです。

なぜエサ代がかかるのかというと、配合飼料（2種類以上の濃厚飼料を一定の割合に混合した飼料）はもちろん、粗飼料も全量購入していたからです（写真2―1、濃厚飼料と粗飼料については表2―1参照）。子牛用のチモシー、スーダンはもちろん、親用のイタリアンライグラスなどはアメリカからはるばるやってくる海上コンテナをまるごとトレーラー1台分買っていたので、1コンテナ100万円近くか

表2－1　主な飼料の分類

分類		給与の形態	代表的な草種・飼料
粗飼料	生草	青刈り、放牧	ペレニアルライグラス、チモシー、イタリアンライグラス、エンバク、トウモロコシ、ソルガム、バヒアグラス、飼料カブ、野草
	サイレージ	高水分、中水分、低水分	チモシー、イタリアンライグラス、トウモロコシ、ソルガム、エンバク、イネ
	乾草	乾燥	アルファルファ、チモシー、エンバク、スーダングラス、オーチャードグラス、イタリアンライグラス、トールフェスク
	わら類	乾燥	イネわら、コムギわら、オオムギわら、ダイズ稈、もみがら
濃厚飼料	穀類	乾燥	トウモロコシ、オオムギ、グレインソルガム（マイロ、コーリャン）、コムギ、エンバク
	油かす類	乾燥	大豆かす、菜種かす、綿実かす、やしかす、あまにかす、サフラワーかす
	ぬか類	乾燥	ふすま、米ぬか
	製造かす類	乾燥、高水分	コーングルテンフィード、デンプンかす、ビートパルプ、糖みつ、ビールかす、豆腐かす、酒かす、ウイスキーかす、みかんジュースかす、りんごジュースかす
	動物質肥料	乾燥	魚粉、ミートボーンミール（骨つき骨粉）、脱脂乳

出典）『日本標準飼料成分表2001年版』

かっていました。それが年に2回ほどでした。

その頃は、コンテナの扉を開けるとドクロマークの書いてある紙が貼ってあり、床に殺虫用の燻煙剤が転がっていることにさほど驚くことはありませんでした。また配合飼料の原料であるトウモロコシなども輸入ものばかりで、それらが遺伝子組み換えしか使われていないということも聞いてはいましたが、そんなことはまったく気にしていませんでした。

配合飼料は高くつくので、単味飼料（飼料原料そのもの）を自家配合（30ページ）したこともありましたが、もとをただせば原料は同じですね。何も変わらない。その頃は、正直そこにエサがあるだけでよかったんです。手間をかけずに数多く飼育しようと思えば、お金をかけなければ無理なことでした。

写真2－1　以前購入していた輸入乾燥牧草

結局、前述したように、自分のつくるエサで育てたお肉が食べたくて、牧

主な種類

マメ科				その他	
周年型	春型	夏型	冬型	夏型	冬型
春・夏・秋	春・夏・秋	夏	秋・冬	夏	秋・冬
低	低	高	低	高	低
多年生	短年生	1年生	越年生	1年生	越年生
シロクローバ、バーズフット、トレフォイル	アカクローバ、アルサイク、クローバ		ヘアリーベッチ	ビート、ヒマワリ、キクイモ	レープ、ルタバガ
ハギ類	スイートクローバ	カウピー、クロタラリア、デスモディウム、スタイロ	クリムソン、クローバ	サツマイモ	
アルファルファ、バーズフット、トレフォイル	スイートクローバ	カウピー、ヤハズソウ、スタイロ	サブクローバ、バークローバ	サツマイモ	
シロクローバ	アカクローバ、アルサイク、クローバ	ダイズ	ソラマメ、レンゲ		レープ
シロクローバ、野草、クズ、メドハギ、コマツナギ	アルサイク、クローバ	カウピー、ヤハズソウ	ベッチ類、ルーピン、バークローバ	カボチャ	カブ類
			クリムソン、クローバ、バークローバ		

草などのエサを自家生産(30ページ)し、足りない分は地元で入手することにしました。

まずは牧草を自分でつくる

自分でつくる牧草ですので、電話1本で生長するわけでもなく、牛舎までやってくるわけでもありません。種まき、刈り取りなどの手順は必要です。種子だけは電話1本で配達してくれますけど。

それでも、イネのように日々見回りが必要とか雑草の管理とかの手間はそんなにかかりません。つくる場所は、このご時世あいた農地はいくらでもあります。耕作放棄田となって木が生えてきた田んぼを開墾したこともありますが(田んぼでも数年放置すると自然に木が育ってきます)、そこそこ管理されていた田んぼがほとんどでしょう。

表２－２　飼料作物の特性と

科		イネ科			
季節型		周年型	春型	夏型	冬型
主要成長期		春・夏・秋	春	夏	秋・冬
発芽温度条件		低	低	高	低
栽培年限		多年生	短年生	１年生	越年生
不良環境に対する抵抗性	寒さに強い	チモシー、フェスク類、ブロームグラス類、ペレニアルライグラス、ケンタッキーブルーグラス			ライムギ、オオムギ
	暑さに耐える	バーミューダグラス、ダリスグラス、バヒアグラス、ネピアグラス、ラブグラス		スーダングラス、ソルガム、テオシント、トウモロコシ、シロビエ、パールミレット、ローズグラス	エンバク
	ひでりに耐える	トールオートグラス、トールフェスク、ネピアグラス、ラブグラス		スーダングラス、ソルガム、テオシント、野草、ススキ、ノシバ	
	土の湿りに強い	オーチャードグラス、トールフェスク、リードカナリーグラス、レッドトップ	イタリアンライグラス	ハトムギ、ヒエ	イタリアンライグラス
	土の酸性に耐える	レッドトップ		スーダングラス、ヒエ、野草、ススキ、ノシバ	エンバク、ライムギ
	日陰に強い	オーチャードグラス、フェスク類、ケンタッキーブルーグラス			

出典）『新版 家畜飼育の基礎』
注）栽培年限の短年生とは、１年生ではないが２年以内と生存期間が短いもので、アカクローバなどがある

そういう場所ならすぐに牧草を栽培できます。

わが家の場合、約３haの農地で牧草をつくっています（写真２―２）。初夏に種まきして秋に収穫するソルガムと、その後に種まきして越冬させて翌春に収穫するイタリアンライグラスとの２種類（どちらも早期に刈り取れば

写真２－２　牧草畑で貯蔵用の梱包作業をしているところ

二番草が取れる）でかなりの量の牧草が収穫できます。

いずれの牧草も祖父がつくっていたから継続していますが、ソルガムは栽培が容易で発育もよく、再生力も強く、イタリアンライグラスは寒地型の牧草で耐湿性もあります（表2—2）。栄養価の高いトウモロコシもつくっていましたが、イノシシにねらわれやすいので、ソルガムにしました。

❖労力と草地面積に合わせて牛を減らす

とはいっても牛は大食いです。聞いた話によると完全放牧では1頭につき1haの土地が必要とのこと。いくら収量の多い牧草の栽培をしたところで、とても私のような3haくらいの土地ではまかなえそうにありません。

そこで、わが家では牛の頭数を減らしました。3haで何頭飼えるかわかりませんでしたので、20頭ほどから徐々に減らし、今は親牛が10頭です。

もうちょっと減らさねば無理かな、と思っていましたが、2017年にはソルガムとイタリアンライグラスの二毛作（にもうさく）をするようになったことや二番草の収穫もできたことで、3haで目標の粗飼料の全量自給を実現することができました。現状でこの頭数を維持できそうですが、地域による牧草の生育具合の違いもあると思いますので、あくまでも目安です（図2—1）。

ちなみに、牧草は雨が多いと収量が減ることが多いのですが、当地方は「弁当忘れても傘忘れるな」というほど雨の多い山陰地方で、冬は雪で完全に埋まってしまう土地柄です。

とはいっても、1人の労働力（牧草の栽培管理は私1人の仕事）ではこの面積が精一杯です。農地が転々としていて、20aばかり、最遠方では約15kmも離れているので、移動だけでも一仕事になりますので。

動ける人数がいるから面積を倍にというわけにもいきません。なぜなら種まきから収穫まで、今どき機械での作業ばかりです。人が増えれば機械も同じように増やさなくてはならなくなってしまいます。

❖牛舎は連動スタンチョンで、ほぼ裏山暮らし

わが家の繁殖和牛の飼育は、レバーひとつで全頭分のロックと解除ができる連動スタンチョンでエサやりの時だけつないでおき、それ以外の時はパドックや裏山で自由に暮らす方式でやっています（図2—2）。これも当時の和牛では珍しいやり方で、約20年前に畜産試験場へ視察に行ったときに「乳牛（にゅうぎゅう）

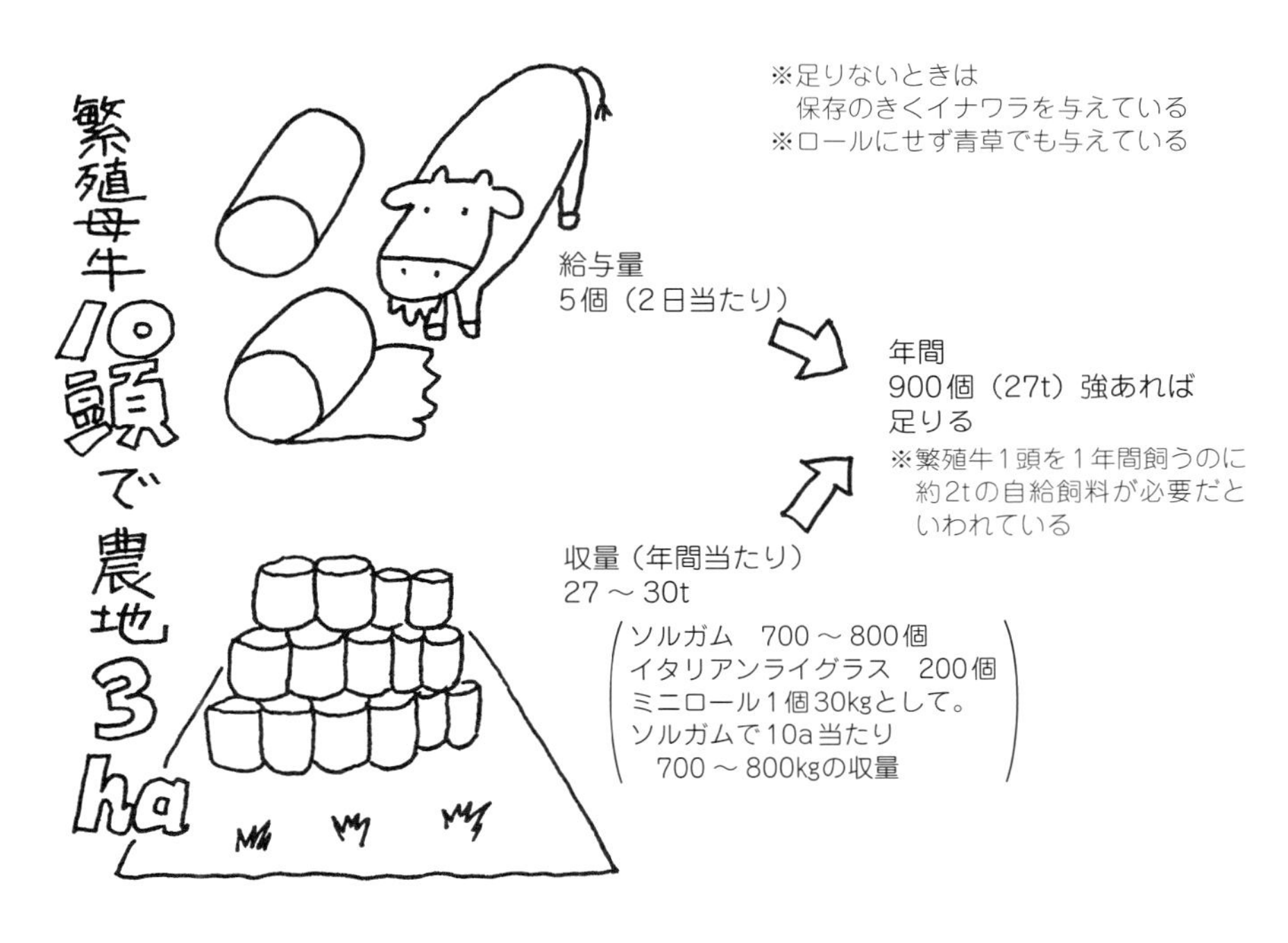

図２－１　わはは牧場の牧草自給の目安

ではオーソドックスな方法だけれど、和牛でもこのやり方でいける」と教えていただき、わが家でも導入しました。手作りです。

1日のうち、つながれているのはエサを食べている3時間ほど（季節によっては1日1回のエサやり）、残り20時間以上は自由時間です。

この飼い方だと、牛たちにとってプライベートな時間はあまりないかもなぁ。いつもみんなといっしょ。暑い日は冷たい土の上でころげ、冬は降ってくる雪を「あ～ん」と追いかけて食べる。夜寝るときもみんなで団子のように固まって寝ています。大きくなってもいつまでも子どもだな。

❖外で自然出産で事故ゼロ

つなぎ方式で飼っている畜舎では、通常は出産前に母牛を単房に移動させ、

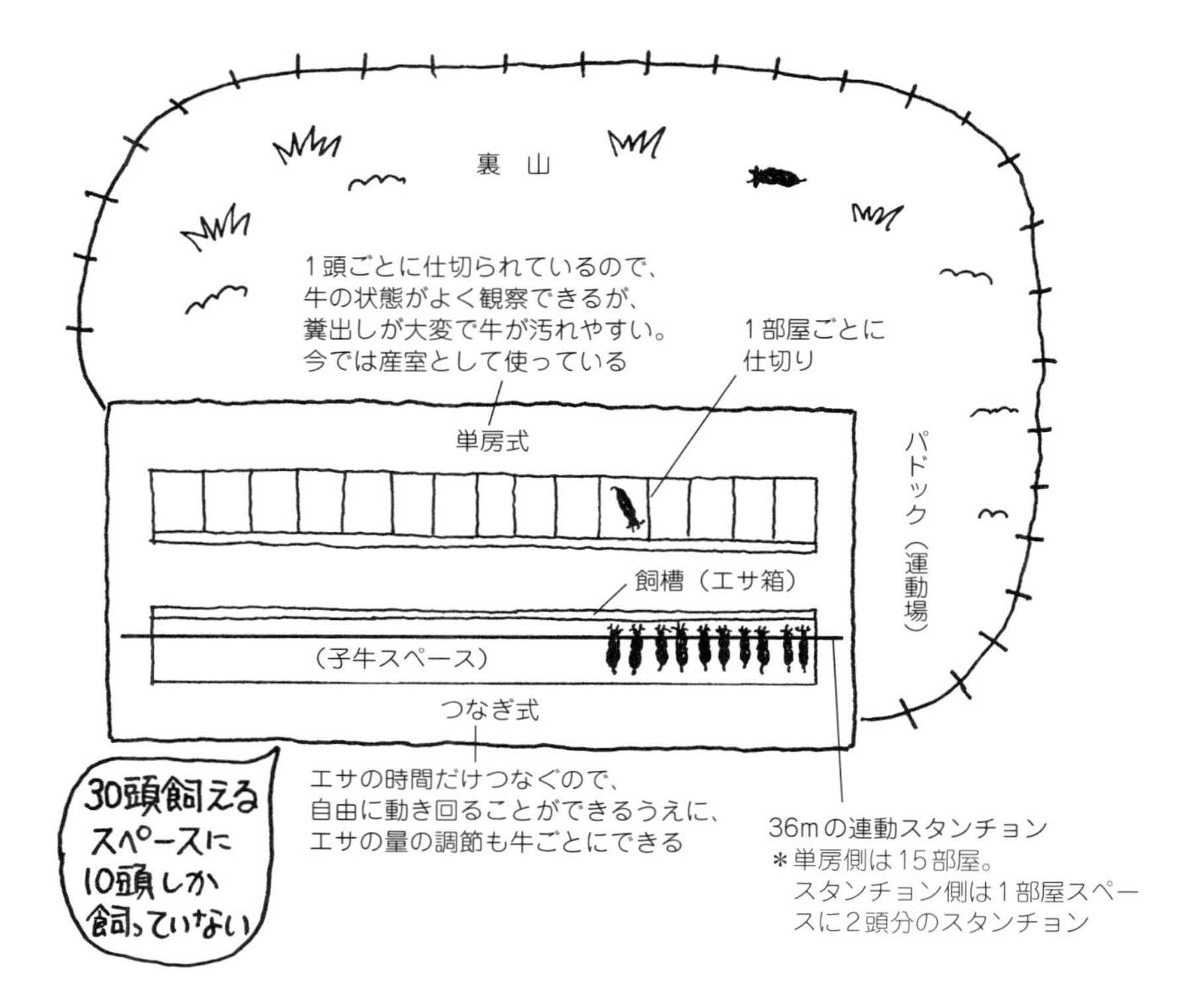

図2－2　つなぎ式と単房式が混在しているわが家の牛舎（略図）
＊もともと単房式だった牛舎の片側だけ仕切りを取り払った

写真2－3　連動スタンチョン。レバーひとつで全頭の首をロックする

そこでのんびりと出産を迎えるようにさせていると思います。たくさんの敷料（寝床に敷くワラなど）を入れ、暖かくして子牛が産まれるのを待ちます。

わが家でもそれが普通だと思ってそうしていました。しかし、今では違います。これを書くと先輩畜産農家に怒られそうな気がしますが、書いちゃいます。

いちおう予定日はすべて把握していますし、出産前はエサを少し増量したりしていますが、別飼いすることなく、それらはすべてやっています。予定日が来れた状態でやっていますスタンチョンにつながてもそのままです。誰かが誘うとみんなで山に遊びに行っちゃいます。

そして出産時には、山の上や木陰など、ちゃんと安全な場所で産んでいます。そう、わが家では部屋に入れず、外で自然に産ませているのです。

雨の日は屋根の下に入り、人間の力なんか必要とせずに。夜中に産んだ場合は朝まで気が付かないことがありますが、気が付いた頃にはしっかり立って母乳を飲んでいる子牛がいます。

やはり動物ですから、本来持っている力、すなわち母牛は母性本能、子牛は生命力があります。それらは人間の考えの及ぶ範囲を超えているように思います。まずはこれを信じてやればいいのです。よって、人間の介添えは必要最小限。このやり方になってからわが家の出産事故は激減しました。ここ数年は事故ゼロ状態が続いています。

❖忙しい秋をはずして年明けに出荷する季節繁殖

種付けもおおむね順調ですが、これもわが家なりの流れがあります（図2―3）。

昔は「春先から夏までに種付け、出産は2～5月、販売は秋の市に」というのが、但馬牛繁殖の長年のしきたりともいえる方法でした。全頭が同じ時期に産む、〝季節繁殖〟です。

今ではほぼ毎月牛市があるので、母牛が子牛を出産した後、あるいは種付けした後の再発情でいつでも次の種付けができる〝通年繁殖〟の時代となりました。1年1産の牛ですから、産む間隔が短いほど経営にはプラスになるので、そういう意味ではムダな「タダ飼い」をすることが少なくなりました（ある研究の試算によると、30日産む間隔があくと約4万6000円の損害になるそうです）。

しかし、わが家では、昔ながらの季節繁殖です。理由は、他の仕事との兼ね合い。秋のカモ処理と牛市が重なると、日々の目の前の仕事に追われて、どうしても牛に手がかけられなくなり、満足な状態で子牛を販売することができなくなってしまうのです。それがすごく嫌というか残念でした。

❖5月以降に産ませると病気になりにくい

そこで、昔の2～5月に産ませる季節繁殖とは時期をちょっと変えて、約3カ月遅らせています。初夏以降、年

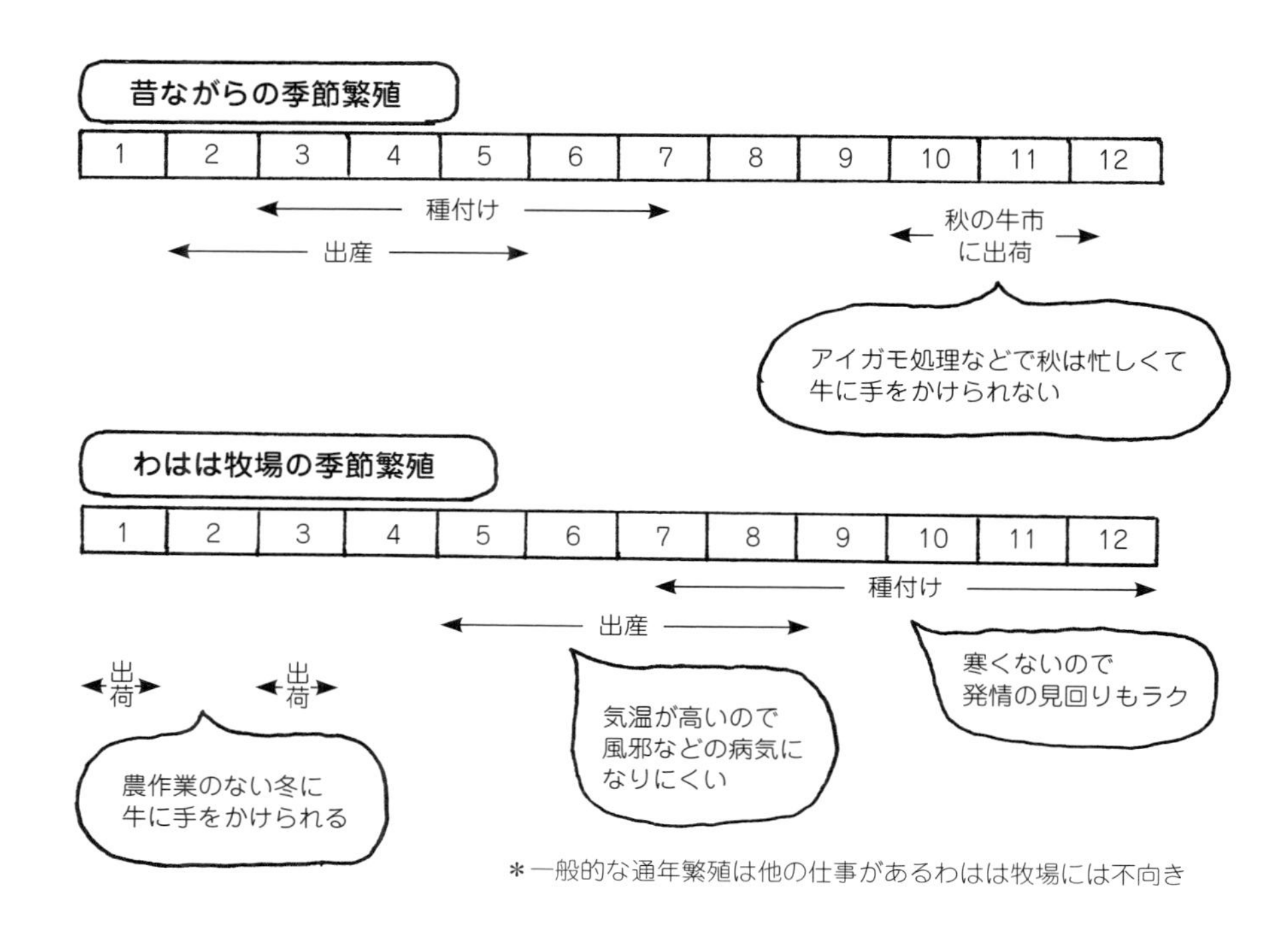

図2－3　昔ながらの季節繁殖とわはは牧場の季節繁殖

内に種付け、5月以降に出産、翌年1～3月以降に出荷という段取りです。こうすることにより、出荷時期のコントロールだけでなく、子牛がたいへん飼いやすくなりました。

5月以降に産ませるようになってから、子牛でまだ弱いときに気温が下がらないので風邪などの病気になりにくくなったのです（敷料も最小限ですみ、暖房は不要）。

子牛の病気は、下痢や風邪をこじらせて呼吸困難などを併発することが多いと思いますが、それは人間と一緒で気温の低い季節だからこそ病気にかかりやすいように思います。気温が高くなる5月以降だと、かかること自体少なくなるようです。重症化もしにくいと思います。

❖発情のチェックで妊娠率１００％

季節繁殖でも、毎年同じように産まれるように飼えば、ロス（タダ飼い）はありません。できるだけ毎年同じ時期に全頭産ませることができるよう、時期になれば発情のチェックは特に気を付けています。たとえば、スタンチョンをはずす前には牛が粘液を出していないか、しっぽの上がはげていないか。はずした直後には、マウンティング（他の牛に乗る）、スタンディング（乗られても逃げない）のチェックをします。

飼育がスタンチョン方式なので外に出ている時間が長く、発見しにくいときもちろんありますが、おおむね計算どおりに発情がやってきます。寒くない季節ですので夜中の見回りも苦になりません。ちょっとしたことですが、そういうところ、気分的に重要なことだとは思いませんか？

おかげさまで、タネがとまっていないための再発情も案外少なく、気が付けば全頭お腹の中に赤ちゃんがいる状態になっています。ここ数年の妊娠率は１００％です。これらは、30頭飼うことができる牛舎で10頭しか飼っていないという、一見ムダのように思えるスペースが功を奏していると思っています。

豚の肥育を始めるには

❖子豚を買ってきて肥育から始める

わが家では繁殖養豚農家から子豚を仕入れてきて肥育しています。繁殖を手がけないのはアイガモ処理の仕事もあり、年中豚飼いができないという事情もありますが、豚の特性による事情もあります。

産まれたての豚は小さくてかわいいので一見の価値ありですが、豚は一度に10頭前後産まれ、死亡事故も多く初期の管理に手がかかるので、いきなり繁殖から肥育まで一貫して手掛けるのは大変です。いつかは繁殖をめざすとしても、まずは子豚を買ってきて肥育から始めるほうがラクでしょう。

肥育なら豚は飼いやすい家畜です。なんでも食べますし、すぐに大きくなります。お肉になる直前はかなり大きくなるので、それなりに頑丈に囲った場所が必要となりますが、それがクリアできれば誰でも始められると思います。

ただ、養豚は繁殖・肥育の大規模一貫経営が中心となってきており、繁殖養豚農家の減少で子豚市も少なくなり、誰でも公正な価格（繁殖農家の言い値ではなく市でのせり価格）で子豚を手に入れることが難しくなってきているのが現状です。

そんな中、幸い県内残り1軒となった繁殖養豚農家が隣の市におられるので、今のところ希望頭数を希望の時期に購入することができています。

❖ビニルハウス豚舎でいい

豚を飼う場所はあらかじめ決めていました。そこには中古のビニルハウスが建っていて、その中で飼う予定でしたが、なんと市で子豚を2頭買ってきてから囲いなどを作ることになってしまいました。計画が間に合わなくて突貫工事もいいところです。豚を向こうにシッシと追いやりながら単管パイプを打っていく、クランプで止めていく、という作業でした。ハウスですので屋根はあります。妻側（短辺）両面に柵を作っていくのと、両サイドにエキスパンドメタル（58ページ）を張っただけの簡単な豚舎ができあがりました（写真2―4）。

地面はコンクリートでなく土のままです。土の中には虫や草の根などおいしいものが豊富にあるようで、掘り返して大きな穴ができています。その穴は夏場の暑さをしのぐ場所なんでしょう。雨が降ればプール、いや、お風呂みたいな感じですけれど、ドロドロで、ぱっと見は薩摩の黒豚以上の黒さです。

面積はハウスが120m²、オープンな遊び場と合わせて全部で約300m²ほどです。その中には自然に生えた桑の涼しい木陰もできています。決して

写真2－4　パイプハウスで作った豚舎

広くはないエリアですが、その中にいるのは最大で8頭（平均4頭）ほど。一般には1～1・5m²に1頭が目安とされているそうで、わが家の豚密度は低いので糞出しはやらなくても自然に土に還っていきます。

❖70日齢前後の豚を約3カ月肥育する

そんな豚舎と呼べないような豚舎に、生まれて2～3カ月ほどの子豚を買ってきます。わが家では10月の2頭から2カ月に一度のペースで4月頃まで買いに行きます。トータルで約10頭になります。

毎年のはじめ、子豚を2頭導入しての10月頃であればなんら問題も起きませんが、途中に追加で入れると、それはそれは大乱闘が始まります。耳がちぎれないかと思うほど先輩豚が新米豚に噛み付いて放しません。泣き声も人間に近いトーンで発するので、聞いてて怖さ倍増です。まあこれは序列を付けるための儀式なんですぐに収まりますが、見ていてちょっと怖いです。しかし、大ゲンカしても翌日以降はみんなで川の字になって寝て、エサも仲よく並んで食べるようになります。

わが家に来てから約3カ月経過すると、大きくなった順にお肉にしていきます。大きさの目安は一般的な豚肥育と同じ110kg前後（図2－4）ですが、それに届かないとか、逆に大きくな

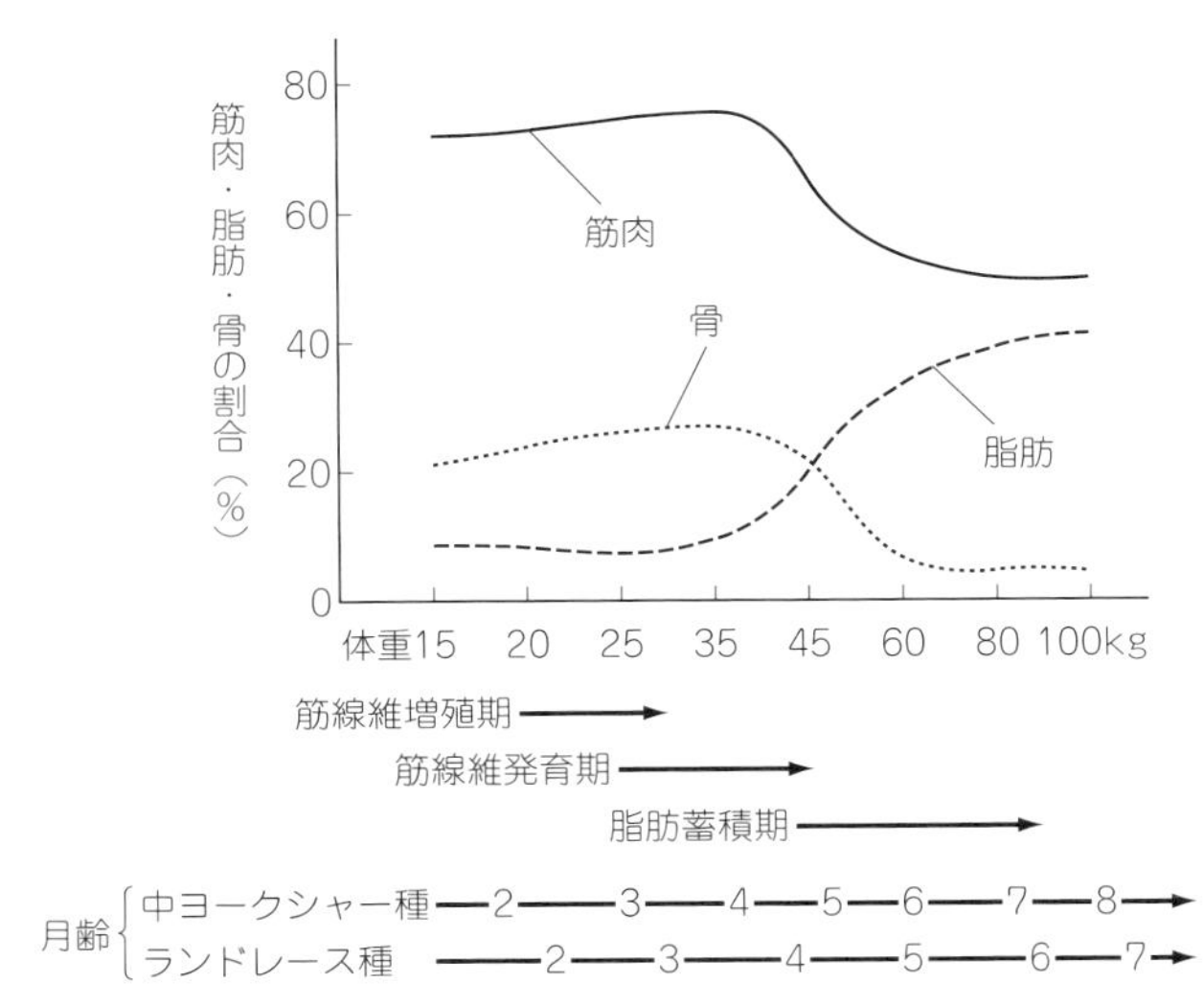

わはは牧場の豚はLWDという三元交配豚。ランドレース（L）と大ヨークシャー（W）の掛け合わせでできたメス豚にデュロック（D）のオス豚を掛け合わせた品種

図2－4　豚の育ち方（『新版　家畜飼育の基礎』より）

りすぎるなど、なぜか個人差ならぬ〝個豚差〟がかなり出ます。これは、放任に近い飼い方をしているがための豚の個性だと思っています。

❖食べたいエサを食べたいだけ与える

わが家の肥育は、「食べたいエサを食べたいだけ自由に与える」というのが基本です。

ただはずせないのが前に書いたとおり、エサの中身の実態をしっかり確認すること。遺伝子組み換えじゃない、ポストハーベストでないもの。この2つだけは絶対に守っています。「エサだろ？　人間が食うんじゃねえし」と言われるかもしれませんが、エサを食べた家畜を人間が食べるわけです。わが家では人間が食えないものは、豚にはもちろん、牛にも、アイガモにもエサとして与えていません。

❖エサは自家製粉の小麦粉、せんべいくず、野菜くず

わが家の豚のエサは、野菜くず（多くが有機ＪＡＳ認定のもの）のほか、くず大豆入りのせんべいくず、ジャガイモなどの野菜や麦のくずなど、手に入るものをその都度、1日1～2回与えています。くずばかりですが、これは人間の用途から見たうえでのこと、もの自体に悪いところはありません。また、豚は土を掘り起こして小動物や植物の根なども食べていますので、別にミネラル分を補給するようなことはありません。

水は、ため水より豚専用の給水器を設置したほうがいいです。最初、牛用のウォーターカップを置いていましたが、すぐに泥で詰まってしまい、掃除が大変でした。その点、豚用のニップル式給水器は筒状になったもので、くわえたときだけ筒の中から水が出てくるしくみで汚れません（写真2―5）。

ちなみにエサ箱は置いていません。地面にまくだけです。最初は木（コンパネ）で作っていましたが、すぐに壊されてしまいました。

写真2－5　豚用のニップル給水器。コンパネに穴を開けて取り付けている

経産牛の肥育を始めるには

母牛から子牛を産ませる繁殖経営ですが、いつまでも産めるわけではありません。歳を取れば生理的にも繁殖能力が落ちてきますし、何より昨今の子牛市場では10産を越えた母牛の子だと極端に値が下がります。そうなるまでに母牛を更新しなくては、同じように牛を飼っていても損なだけです。昔は20産もすると多産表彰といって優秀な牛と褒め称えられていたのに時代は変わるものですね。わが家では、その繁殖能力の落ちた母牛（経産牛）を肥育に回してお肉にしています（写真2―6）。

写真２－６　お肉にするために屠殺する前の経産牛と筆者

❖ほぼ牧草だけで肥育できる

人からは「但馬牛のおいしい牛肉が食べられていいですね」とよく言われたものですが、自分が育てた牛が食べられなくて悔しい思いをずっとしていました。アイガモ、豚と、自分で育てて食べる肉が増えてきたので、さらに牛の肥育もやりたいと思うようになったのです。

以前も経産牛の肥育はやっていました。母牛を処分するのに、家畜商や肉屋さんが買ってくれていたのですが、少しでも肉を付けたほうがやせた状態より高値で買ってもらえたからです。この時のエサは市販の肥育牛用のエサでした。

しかし、わはは牧場の家畜はエサにこだわった豚であり、カモであったわけです。食べるために牛を養うには市販のエサでは不満がありました。自分で育てた草を食べさせたい。

ちょうどその頃、国産の自給飼料で育てたオーガニックの牛肉を探しているというレストランのシェフと知り合い、そんな牛肉ができたらぜひ買いたいとのこと。こちらの思いもふくらんでいたところでしたので、背中を押してもらうことができ、牧草つくりから始めました。

そして翌年、牧草が収穫でき、それだけで肥育できるようになってさらに1年以上経って、ようやく食べたいと思える牛肉が生産できるようになったのです。そのレストランにも、計画から2年以上というたいへん長い月日をずっと待ち続け応援していただきました。感謝しています。

❖いかに手をかけないで育てるか

祖父の残した3頭の牛から繁殖経営を始めたのですが、祖父はとにかく牛が好きだったので、いかに手をかけて育てるかというところが最重要ポイントでした。そういう姿を見てきたせいで私自身は牛飼いが嫌になったのも事実で、このまま祖父と同じような飼い方は真似できんなと思っていました。

そんなとき、牛飼いでは先輩の友人が「おまえのじいさんのやっていたようにはようせんやろ。今はそんなやり方をせんでも牛飼いはできるんやで」と教えてくれ、いろいろと省力化の方法など教えてもらったものです。

また、就農前のその時期、歯科技工士の仕事を辞めていたけれど、今ひとつ牛飼いになる決定打がなく気持ちが不安定だったときに、ドライブを兼ねて九州方面の畜産を視察に行きました。

そこで教えてもらったのは大きく2つでした。まずは、「牛舎なんぞ、風雨がしのげ、エサが雨に当たらなければそれでよい」。そして、「除角（じょかく）すること」でした。

❖牛舎は屋根だけあれば吹きさらしでいい

当地は雨が多く冬寒い地域なので、牛舎はさすがに九州のスタイルそのまんまの「屋根だけ」というふうにはできません。また、祖父の働き方の真似はできずとも、多頭飼育しやすいように工夫された牛舎くらいは真似したいという思いもあり、できあがった牛舎は単房で30頭という、普通の牛舎どころか、面積的にはいちばんムダな構造になってしまいました（多頭飼育では面積当たり頭数が飼えるつなぎ方式がほとんど）。

建物自体の構造は簡単です。天井はありますが、壁はありません。いや、ありましたが取ってしまいました。今は冬でも吹きさらしです。下手に隙間風ができるようなものより、まるごと寒いほうが牛の負担にならないように思うのです。

また、農業の研修ではありませんでしたがカナダに行ったときに、氷点下20℃でも平気で出産するという話を農

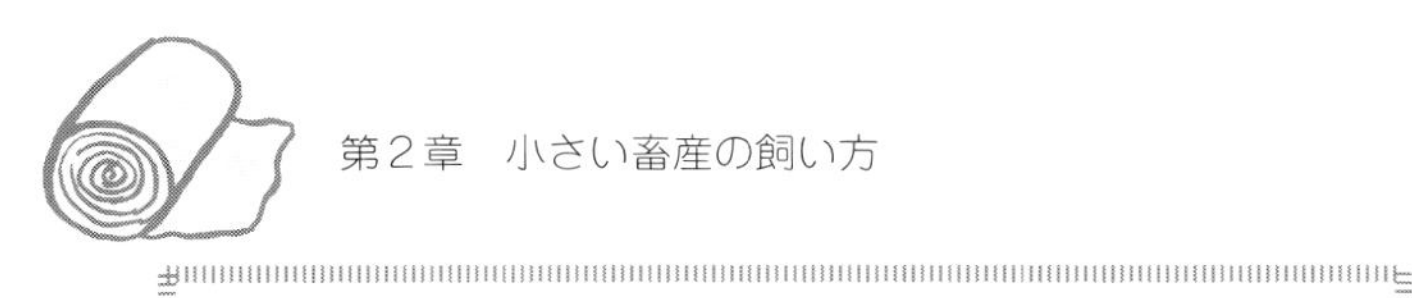

家から聞きました。それと、祖父からは、戦時中満州開拓団にいたときの経験で、「氷点下25℃の日に牛が山でお産をしたが無事だった」とか、「蒙古牛は氷点下30℃でも普通にはみかえし（反芻）している」とも聞きました。

そう考えれば、但馬の冬、いや日本の冬なんて、牛にとってはまったく問題ないんですね。ただ逆に暑さには弱いですが……。

❖ビニルハウス牛舎でも十分

その後、牛舎の片側15部屋分の単房仕切りを取っ払って連動スタンチョンを導入したり（38ページ）、隣接地に

山の木を切り出して自作したわが家の牛舎

現在の牛舎は、もともと祖父の牛舎が民家の中にあり、さすがにその場所で数を増やすことは難しく、10頭しか飼うことができなかったので、所有の山すそに新設しました。

ただ、これも業者に頼むとけっこうな額になるので、できるだけ自力で作ろうと思い、まずはその山に生えているスギの木を切るところから始めました。そして、その木は屋根の野地板などの材料に加工して、捨てることなく利用しました（写真2－7、写真2－8）。

その後は、バックホーを中古で購入、それで造成にかかり、建物が建つようになるまで5年かかりました。大きな鉄骨の加工だけは鉄工所に頼みましたが、屋根貼り、ペンキ塗り、室内の造作などは家族総出で作り上げました。ちなみに単房が30部屋の構造なので、大きさは幅約15m、奥行き40mになります。その後、片側の単房15部屋分の仕切りを取って36mの連動スタンチョンを取り付けています。

写真2－7　自作した当時のわが家の牛舎

写真2－8　その牛舎の内部。当時は両側30部屋の単房式

建っていた園芸用ビニルハウスが手に入ったので、それを牛舎に改造したりもしました。

このハウス牛舎、2017年2月の大雪で残念ながら倒壊してしまいましたが、十分に使えます（つっかえ棒さえあれば倒壊しなかった）。「ハウスは暑い」というイメージがありますが、シイタケ栽培用の資材で断熱・遮光に優れて輻射熱も抑えるという白いフィルムを張ることにより、それは涼しくて快適な牛舎になりました。最初からこれにしておけば、かなり初期投資を抑えられたのになと、今になって思います。

構造は通常のビニルハウスの中に単管パイプで柵を組んだだけ。そう、豚舎と変わらない構造です。土間にはコンクリートを敷いていますが、これで十分に牛も飼えます。

❖放し飼いスタイルなら除角する

また、九州の畜産農家によると、除角は放し飼いスタイルにするなら必須とのこと。母牛が突き合わないよう、安全のためです。しかし、いくら角は評価に値しないといいながらも、見た目を重視する但馬牛ではなかなか除角する農家はいません。品評会では角の評価はありませんが、昔からの但馬牛の資質のひとつに〝角味〟というのがあり、祖父も毛・皮・骨の牛の質の3要素を端的に表わすのは角である、と言っていました。でも、思い切って除角することにしました。

角のない牛に慣れてしまうと、よその牛舎の牛が怖くてしょうがないです。ただ、鼻木につなぐ綱を普通は耳、角の後ろに回すのですが、角がないのではずれやすいのが難点でしょうか。しかし、わが家では「はずれやすいなら付けなくてもいい」との考えで、鼻木だけでロープは付けておりません。「そんなのどうやって捕まえるの?」と聞かれますが、必要なときはスタンチョンで固定でき、捕まえられるのでなんら困りません。

❖1年に1頭ずつメス子牛を残す

先にも書きましたが、母牛を10産以上させると、その子牛の価格が安くなってしまいます。なので、それを見込んで肥育の予定を立てるのですが、わが家の場合は母牛が10頭なので、1年に1頭ずつ子牛を残して育成し、母牛にすれば、1年に1頭ずつ肥育に回せます（図2—5）。

現状ではまだ理想どおりに回っていませんが、数年内にそのように回転さ

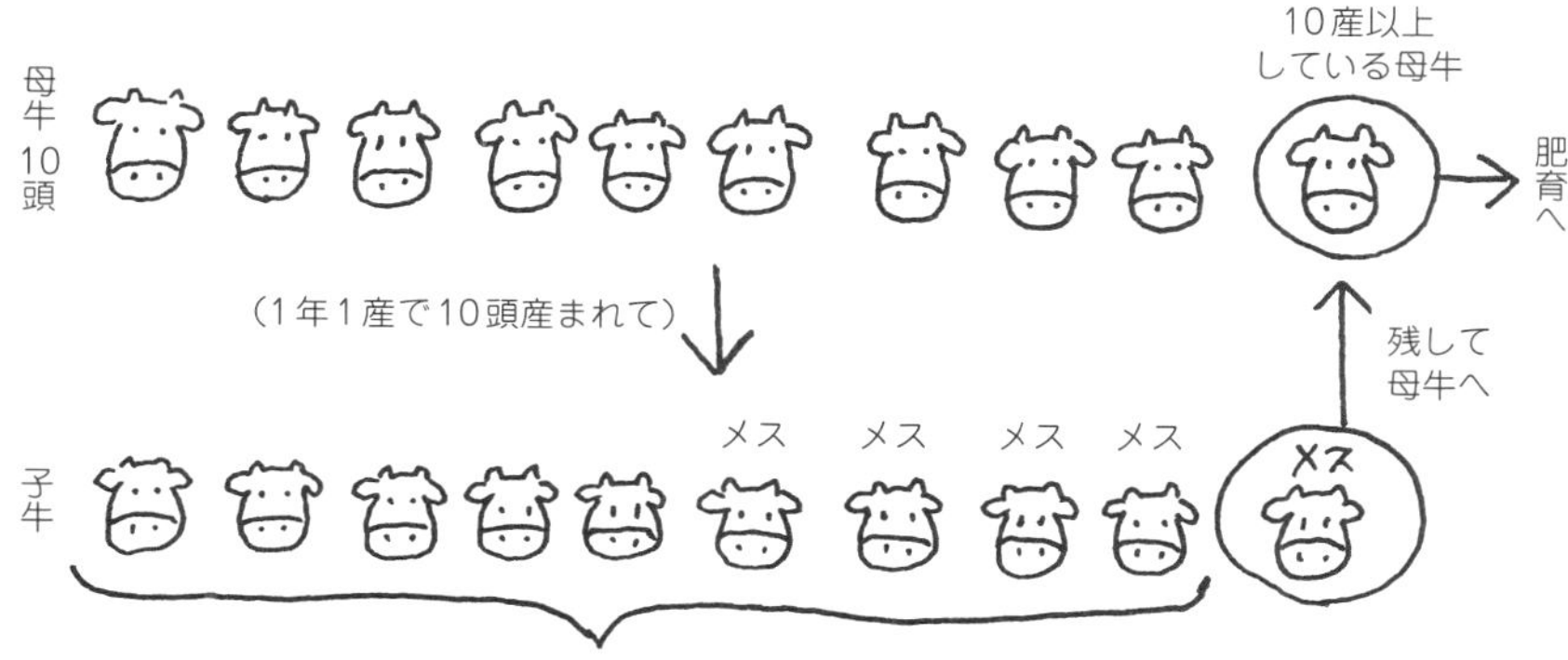

図2－5　母牛の更新と経産牛の肥育の確保のしかた

せていくつもりです。そうすれば、母牛の更新、経産牛の肥育ともに無理なく確保できるようになります。

肥育期間は約1〜2年です。主に草だけで育てるので急激な増体（ぞうたい）は望めませんし、通常の肥育牛のように巨大にもなりません（通常の肥育牛で枝肉重（えだにくじゅう）400〜500kgですが、わが家は300kg程度）。

成長が緩やかな分、お肉にするタイミングも仕事の合間を見て時間の取れそうな時にフレキシブルに対応しています。少々日数が予定よりオーバーしようが、自家製飼料なので、あまり細かく日割り計算して費用を気にする必要はないと考えています。もちろん多少のコストはかかりますが……。

どちらかというと、わが家では肥育というより、言葉は悪いですが毒抜きのイメージのほうが強いかもしれません。体中の細胞がすべて生まれ変わるのに2年ほどかかると聞いたので、繁殖飼育で遺伝子組み換えなどの配合飼料を与えて育った体を、草主体のエサで飼いなおすといったところです。

❖エサは牧草8割、小麦粉をふりかけ程度

そのエサですが、牧草が8割で、残りの2割は毎年できるイナワラやムギワラを時期により少々加減して与えています（表2—3）。

一般的な肥育のエサ（表2—4）とはだいぶ違いますが、牛は草食動物ですので草だけでもそれなりに肥えてきます。牧草はビタミンが多いので肥育には向かない（サシが入りにくくな

表2－3　主な飼料の分類とわはは牧場のエサ

分類		給与の形態	代表的な草種・飼料
粗飼料	生草	青刈り、放牧	ペレニアルライグラス、チモシー、**イタリアンライグラス**、エンバク、トウモロコシ、**ソルガム**、バヒアグラス、飼料カブ、野草
	サイレージ	高水分、中水分、低水分	チモシー、**イタリアンライグラス**、トウモロコシ、**ソルガム**、エンバク、**イネ**
	乾草	乾燥	アルファルファ、チモシー、**エンバク**、スーダングラス、オーチャードグラス、**イタリアンライグラス**、トールフェスク
	わら類	乾燥	**イナワラ**、**コムギわら**、オオムギわら、ダイズ稈、もみがら
濃厚飼料	穀類	乾燥	トウモロコシ、オオムギ、グレインソルガム（マイロ、コーリャン）、**コムギ**、エンバク
	油かす類	乾燥	大豆かす、菜種かす、綿実かす、やしかす、あまにかす、サフラワーかす
	ぬか類	乾燥	ふすま、米ぬか
	製造かす類	乾燥、高水分	コーングルテンフィード、デンプンかす、ビートパルプ、糖みつ、ビールかす、豆腐かす、酒かす、ウイスキーかす、みかんジュースかす、りんごジュースかす
	動物質肥料	乾燥	魚粉、ミートボーンミール（骨つき骨粉）、脱脂乳

出典）『日本標準飼料成分表2001年版』
注）**太字**がわはは牧場のエサ

表2－4　一般的な肥育における濃厚飼料と粗飼料の給与量の例

	濃厚飼料給与量（体重比％）	エサの配合割合（％）	
		濃厚飼料	粗飼料
前期	1.1 ～ 1.2	50	50
中期	1.3 ～ 1.4	60	40
後期	1.5 ～ 1.6	75	25

出典）『日本飼養標準2000年版』

る）というのが一般論のようですが、わが家では牧草中心。ビタミンコントロールはまったく考えていません。

したがって穀類はやる必要はないとも思いますが、繁殖用に配合飼料を与えるときに、どうしても経産牛も欲しがる姿を見てかわいそうに思い、小麦を自家製粉して、ふりかけ程度（1日1～2kg）与えています。ただ、この小麦も産地指定で、兵庫県播州（ばんしゅう）地方特産の小麦の選別漏れしたものだけを使用しています。牛舎に置いた小さな製粉機でエサやりのたびに、粉に挽いています。

❖サイロのいらないロールサイレージのつくり方

牧草は夏の季節には青刈りでやるときもありますし、天気が続くときは乾燥させて収穫することもありますが、

主にサイレージ（発酵飼料）として利用しています。

北海道の風物詩となっているようなタワー状の巨大なサイロこそ当地方にはありませんが、同じしくみの大きなタンク状のサイロはどの畜産農家も建てていたものです。わが家でも直径約3ｍ、深さ5ｍもの「穴」が3つもあり、真夏の炎天下に手作業で行なうそのサイロ詰めの作業こそ、牛飼いでいちばん嫌だった作業でした。

それが今では簡単に持ち運びできるコンパクトなサイロになっています。刈り倒した牧草をロールベーラで円柱状に丸め、それをラッピングします。タワーであれロールであれ、草を密封すれば嫌気発酵によりサイレージができあがります（写真2―9）。

写真２－９　ラップサイレージを開けたところ。エサとして与えるときに空気に触れるだけなので、腐りにくい。

牧草の作付けはソルガムとイタリアンライグラスの二毛作です。5月中旬の気温が冷え込まないようになってからソルガムの種をまき、夏に収穫、タイミングがよければ2番草も取れます。そして秋、11月までにイタリアンライグラスの種をまき、越冬ののち春に収穫できます。

肥料は堆肥散布しているところは堆肥だけです。種は首からぶら下げる散粒器でまいています。そうでないところは、10ａに10～20kg程度の尿素をブロードキャスター（散布機）で牧草の種子と混ぜてまいています。ちなみに、両者の違いは収穫時に明記しておいて、堆肥のみで栽培したものは肥育用に、尿素を使った分は繁殖用にと分けています。特に肥育牛は無農薬、無化学肥料で飼いたいからです。

ソルガムもイタリアンライグラスも、生草よりちょっと乾燥させたほうが発酵にもいいですし、ロールが軽くなり扱いがラクになりますので、わが家では刈り取り後、集草機で2日反転・乾燥させた後にロール作業をします。

乳酸菌の添加は特にしていませんが、完成したサイレージはドライフルーツのような甘いにおいがします。きっとおいしいはずです。食べたことはありませんが。

❖作業がラク、機械も安いミニロール

広い面積に牧草を作付けしたり、大規模にしたりすれば、直径１・５ｍ、重さが３００kg以上にもなる大きなロールのほうが効率がよいですが、小規模となれば直径50cm程度のミニサイズが適切です。これなら大人１人で運べます。軽トラに２段積めば、22個積むことができます（写真２―10）。

このサイズは、何より作業がラクですし、機械が安くてすみます。サイズが大きいロールだと人間の力だけでは置いた場所から移動させることすらできないので、運ぶだけの専用の機械が必要となってきますし、それらの機械の価格が桁違いになります。

写真２－10　軽トラに積んだラップサイレージを牛舎に下ろしているところ

❖少頭飼いなら、イナワラとあぜ草だけでいい

祖父から引き継いだとき、粗飼料の購入など考えたこともなく、米つくりの後のイナワラとアゼ草だけでまかなっていました。朝一番の涼しいうちに田んぼのアゼ草を刈り、河原へ行ってアシなどを刈り、３頭の牛のエサとしていました。そして冬はイナワラのみ。たしかその頃、母牛５頭になるまではそれだけでまかなっていました。必要なのは鎌と軽トラと根性のみ。お金は必要ありませんでした。

ただ、イナワラで注意が必要なのは、イネ刈り後すぐにエサとしてはやらないほうがいいということです。それはカンテツ（肝蛭）を防ぐためです。肝臓に寄生するカンテツという幼虫がイナワラの中にいる可能性があるのですが、これは1年以上置けば問題ないということで、わが家では必ず前年以前のものをやるようにしています。

カンテツにかかっても、薬で簡単に駆除できますが、余計な薬をやりたくないので、有害となるおそれのあることはできるだけ避けるように心がけています。

ちなみに、畜舎につきもののハエなどの害虫も、薬剤での駆除はしないようにしています。人間にも家畜にもな

んら影響はないことなのかもしれません。しかし、これはわはは牧場のポリシーとして除草剤、殺虫剤はともにいちばん避けたいものなのです。

❖経産牛でも臭みがなくて脂の甘い肉

　こうして肥育したわが家の経産牛。一般的に、硬いとか脂が少ない（サシが入らない）など、あまり評判のよくない経産牛のお肉ではありますが、わが家の牛肉の評判は上々です。

　お肉屋さんからブロックに分けられた状態でわが家に持ち帰り、専用の冷蔵庫に入れ熟成期間に入ります。ここで1カ月ほど熟成させます。この通常より長い熟成期間が功を奏すのか、何より臭みがない。また余計な脂分が少ないので赤身肉本来のうまさが味わえます。たしかに少々硬い部位はありますが、それは調理方法でなんとでもカバーできるもの。しかし、持っている肉のうまみ、味だけは後でどうにかなるといったものではありません。近年のヘルシーブームもあり、こってりした脂を嫌う消費者が増えており、そういう方にもこのようなお肉が喜ばれています。

　自身が繁殖農家で神戸ビーフのもととなる子牛を育てているのに、またこういうことを書くと叱られそうですが、サシ（脂肪交雑）が入りすぎるのもどうなのかと思ってしまいます。肉にサシが入るのは自然じゃないと聞いたこともあります。肉が白く見えるほどまで脂肪の入り込んだ肉は、たとえが悪いかもしれませんが、肝臓を人為的に肥大させて作る不健康なフォアグラとさほど変わらないほど不自然なものと私は認識しています。

　ただ、ひとつ言っておきたいことは、このように草主体で飼育してもまったくサシが入らないというものでもないのです。但馬牛では、わざと脂を乗せない飼育方法で赤身肉とのバランスがちょうどいいのではないかと思ってしまいます。但馬牛は先人の方々のおかげでこのような血筋ができたのだと思います。サシが入るように研究・改良を重ねた結果、繁殖用に飼育した牛が高齢になっても適度のサシが入るようです。

　そんなこともあってか、市場では若い牛が大半を占める中、近年経産牛の味のよさも見直されてきています。販路拡大もめざせるはずです。

　市場で経産牛の人気が出ている今、わが家では、エサのこと、飼育頭数が少ないことなどもあわせて売りにしています。

アイガモ稲作を始めるには

❖外敵さえ防げれば難しくない

アイガモの詳細な飼い方、技術的なことは専門書を参考にしていただきたいと思いますが、外敵さえ防ぐことができれば、難しくありません。そして、地域により飼育方法に違いがかなりあるのがこのアイガモ農法です。ここでは、雨が多く寒冷地である山陰地域のわが家でやっていることを紹介させていただきます。暖かい地域ではもっと飼いやすいはずです。

❖アイガモの適正羽数

田んぼに放すアイガモの数は10ａに20羽を基準としています。ヒナは孵化場に注文することになるのですが、自然死、事故死のことも考え、購入は総面積で数を出し、その2割増程度がいちおうの目安（わが家は約50ａなので、5×20羽×1・2＝120羽）。さらには、100羽以上で送料が無料になる孵化場が多いので、100羽以上の単位で買うほうがお得なこともあって、多めの200羽仕入れています（写真2―11）。

ただ注意が必要なのは、昨今生き物を配送してくれる運送会社が少なくなっており、到着すると思ったら遠方の営業所まで引き取りに行かねばならなかったといった場合があります。注文時にはしっかり運送業者に確認するようにしたほうがいいです。

写真2－11　田んぼに放されたアイガモたち

❖ヒナが届いたらすぐにカモプールで飼い慣らし

カモは水鳥なのに、なんとびっくり！　おぼれてしまいます。産まれてすぐに水に浸からずに数日経過してし

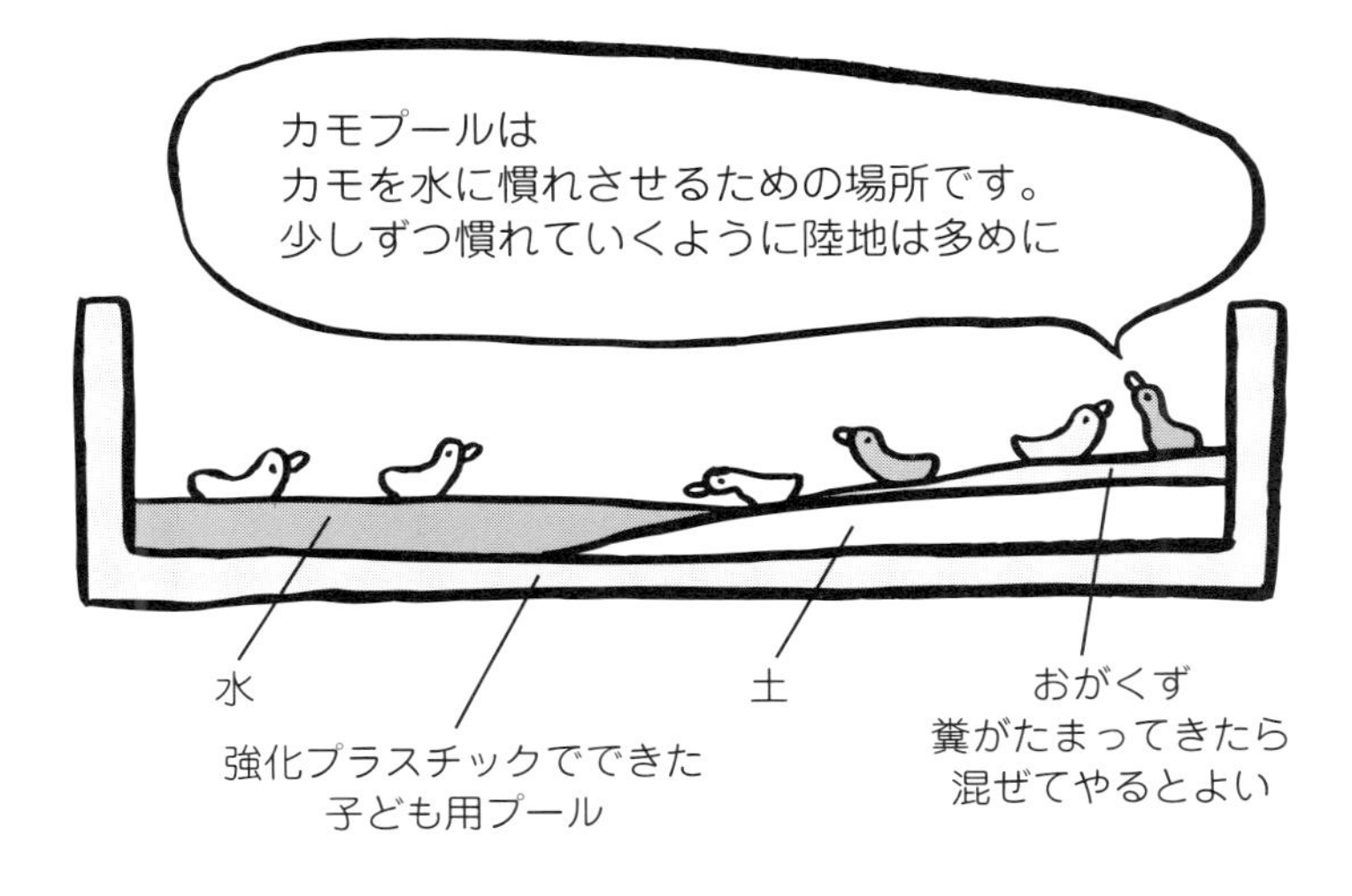

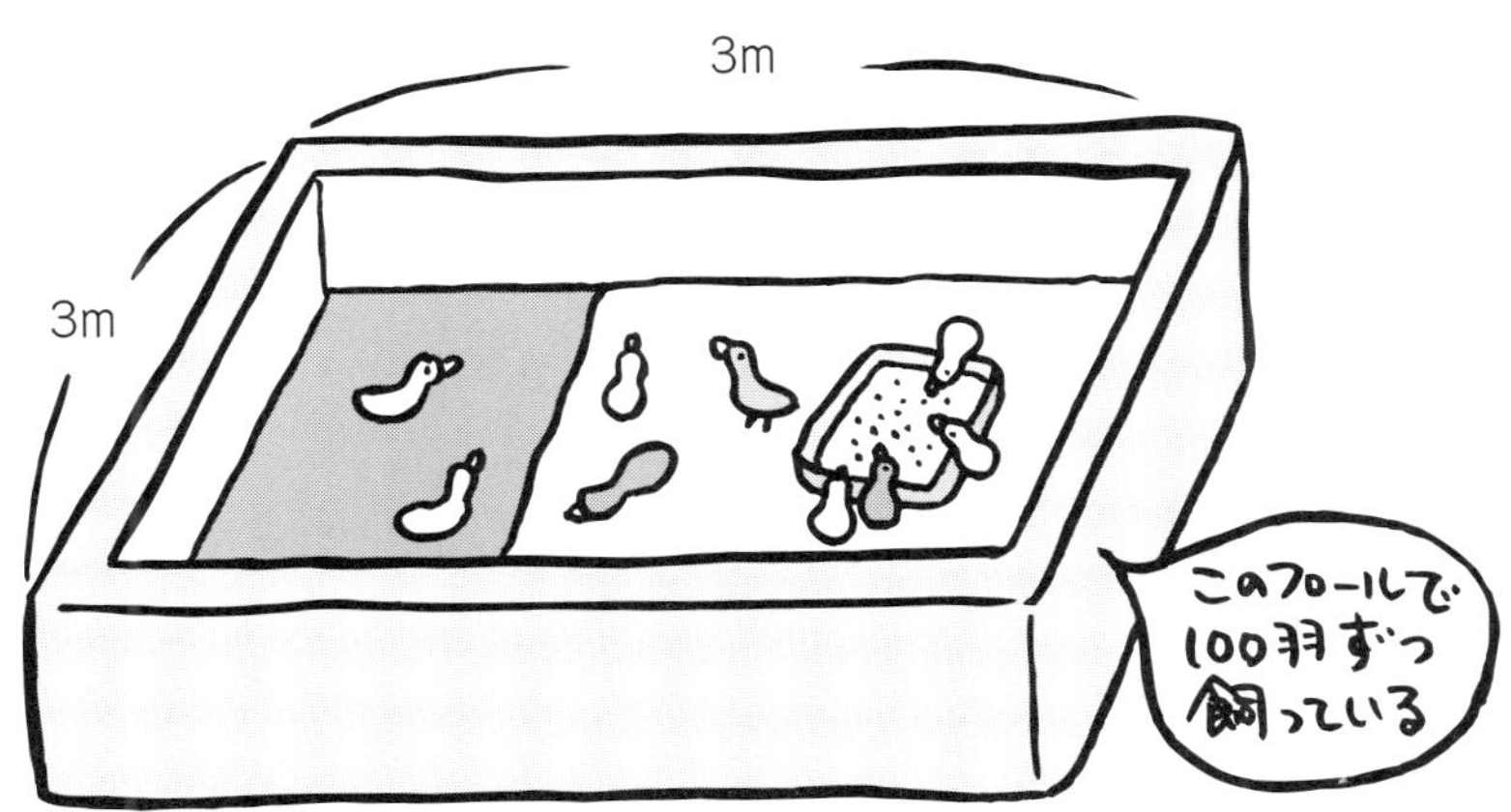

・カラスや獣にやられないようにアミをかける
・できるだけ自然に近い状態で飼う
・夜寒い時はビニールで覆っている
　それでも寒い時はヒヨコ保温電球を使っている

図2－6　カモプール

まうと、羽に油分が分泌しなくなり、その状態で水に浸かると羽がずぶ濡れになり、乾かずに弱ってそのまま死んでしまうことが多いです。

ですので、産まれてすぐのヒナ（初生ビナ）が届いたら一刻も早く水に慣らすことが必要です。わが家の場合、傾斜地に置いたカモプール（図2―6）に半分ほど水を入れ、陸地も作り、そこで1週間ほど飼い慣らしてから田んぼに入れています。

ゼロ日放飼といって、ヒナが来たらすぐに田んぼに放す方法もありますが、これは温暖な地域だからこそできることで、当方のような夜間に冷え込む地域では難しいです。実際にやってみたこともありますが、弱って死んでしまうヒナが多かったので断念しました。

❖圧死を防ぐため、1群50羽前後に

もともと群れで生活するアイガモです。産まれてすぐは、寒い夜間に団子になって圧死の可能性が高くなります。そこで、たとえばヒナを買う（飼う）数が200羽になる場合、1週間ほどのインターバルをあけ、2回に分けてヒナを注文します。ひとつの群れで100羽以上だと、圧死のリスクが増大します。ほんとはもっと少なくてもいいくらいで、飼うスペースを区切り、1エリア50羽前後にしたほうが安心していられます。

ヒナが届いたらすぐに水に浸けるだけでなく、エサも必要です。米ぬか、くず米に市販の餌付け用のエサを少量混ぜ、徐々にくず米主体の硬いエサに切り替えていきます。青い草も大好きです。さすが名前のとおり、ヒヨコ草（ハコベ）はよく食べますよ。

父がアイガモ農法を始めた頃は、到着したヒナ1羽ずつに砂糖水を小さじで少しずつやり、おがくずを厚く敷き詰めた上に暖かいコタツで保温した状態で約1週間。その後、徐々に水に慣らすため、1羽ずつ水浴びさせてこれまた数日。そんな手間暇かけて飼育していましたが今はそんな面倒なことはしません。

これはカモが進化したのではなく、ただ単に過保護だっただけです。先に書いた牛と同じように、その生命力を信じれば、生きようとする力はそう簡単に崩れるものではないと思います。人間の力の及ぶところではありません。

❖気温が上がるまで田植えを待ってから放飼

1週間ほどプールで飼い慣らし、エ

サを与えて数日経過後、いよいよ田んぼに放します（図2―7）。静かだった田んぼが一気ににぎやかになり、「生きた田んぼ」になるうれしい瞬間です。

「雑草や虫を食べるから、田んぼの中でエサをやる必要はないのでは？」と思われるでしょうが、そうではありません。ここでいかにしっかりエサをやるかが、肥育の出来の良し悪しを決めてしまうといっても過言ではありません。

図2－7　アイガモの放飼と引き上げ

　エサは、くず米にせんべいくずや米ぬかなどを混ぜたものを、田んぼの中に設置した屋根（カモ小屋）の下に置いて毎日与えます。草が生えたところにエサをまくと、そこに群れるので除草になると聞いたことがありますが、なぜかうちではあまり効果を感じたことはありません。

　イネの品種は、肥料分が多いと倒れやすくてアイガモ農法には向いていないといわれていますが、当地域推奨のコシヒカリをつくっています。

　近所では5月中旬には田植えを終えてしまいますが、わが家ではこの地域での限界ギリギリといわれる6月上旬に田植えをしています。これは少しでも気温が高くなるのを期待してのこと。毎年ゴールデンウィークの頃には真夏のような気温の日があり、この時期に植えてカモを放してもよかったかなと思うのですが、周りが田植えを終えた後に冷え込む日が多く、放さなくてよかったなと毎年思うのです。

イネと草を見ながら放飼数を調整

　わが家では全部で50aほど、数にすると9枚の田んぼにそれぞれ放しています。10a20羽を目安に入れますが、タイミングによってはすでに草が生えかけていたり、逆にイネの生育が遅かったりとバラツキがあるので、様子を見ながら加減しています。

　先に100羽ずつ2回に分けて購入と書きましたが、最初の100羽を適当に分けて入れ（この時点では10aに10羽ほど）、草が少ないところではそのまま様子見か、いったん引き上げて次の100羽の分を入れています。わずか1週間とはいえ、カモの成長は早いもので見た目にもはっきり大きさが違ってきますので、小さいカモに入れ替えてイネの負担を減らす考えです。逆に草に負けそうな田んぼは最初の大きくなったカモを入れたり、数を増やしたりして対応します。臨機応変、これが大切です。

外敵から守るためのメタル柵と電気柵

アイガモ農法でいちばんやっかいなのが、ヒナの初期成育でもなんでもなく、外敵です。地面からはイタチ、キツネ、テンなどの肉食動物が、空からはカラスがまだかまだかとアイガモが来るのを待ち望んでいるようです。

わが家では田んぼの周りをアイガモネットではなくエキスパンドメタル（XS32亜鉛めっき仕様、1.2m×2.4m）でぐるりと囲っています（写真2―12）。毎年の網の設置撤去作業が大変なので、恒久的なもので囲うようにしました。

写真2－12　田んぼを囲うエキスパンドメタル

エキスパンドメタルはさすがに頑丈なものなので最初の5年は野生動物の侵入もなかったのですが、5年を経過した頃からそれを乗り越えて入ってくる獣が出てきました。後述のカラスもそうですが、いわゆる害獣は一度味を占めると少々難があっても入ろうとチャレンジします。

これには困ってしまいましたが、対処方法として電気柵の設置をしました。地面から10cmほどの低いところに1本、そして、網の上に避雷針（アンテナ）のように棒を立て、網の上5cmくらいのところに1本渡しています。これで獣の侵入はなくなりました。

カラスには黒テグス

そしてカラスです。こいつらは特に賢いので最初が肝心です。アイガモ放飼時期がちょうどカラスの繁殖期にあたるのか、とにかくエサが欲しいようで猛烈にアタックしてきます。

以前は黄色いテグス（釣り糸）と透明なテグスを50～１００cm間隔で張っていたのに侵入されたのでその中にもう1本張り、それでも入られたので間にもう1本、最終的には計算上17・５cm間隔で張り、総延長10km以上、延べ10日以上という途方もない労力をかけてがんばってようやく侵入を防ぐことができました。しかし、毎年のこの作業は正直地獄です。こんなことではアイガモ農法の普及につながりません。

そんな中、知り合いから教えてもらったのが黒テグスです。どうも黄色とか透明のテグスはカラスには見えるようで、かなり狭い間隔でもす～っと通るということらしいのです。その点、この黒テグスはカラスに見えないらしく、何もないと油断して田んぼに入ろうとしたときに羽に触れ、びっくりして以来入らなくなるという理屈のようです。

ただ、これ、人間にも見えないので目に入ったりして危険ですし、張る作業は気を付けないと数本をまとめて張ろうとしたときに絡まると、ほぐれなくてイライラしてしまいます。そんなときには、「糸のほぐれはすぐとける～、こころのほぐれはすぐとけない～」と、子どもの頃母親からよく聞かされた歌（？）を念仏のように唱えながら（歌いながら？）ほぐします。これもおいしいカモさんのためだと思いながら……。

それと、テッペンにボタンの付いた帽子（野球帽のタイプ）は、テグス張り作業中にはたいへん邪魔です。頭にテグスが引っ掛かるのです。また、手袋は薄めの皮製のものがいちばんで、軍手は細い糸をつかむことができないので論外です。なんだそんなことかと思われるでしょうが、こんなことひとつでも作業効率がずいぶん違います。

ちなみに、この黒テグスだと約50cm間隔でも大丈夫なようです。作業時間は大幅に短縮できました。なお、黄色や透明のテグスは巻いて回収して再利用していましたが、黒テグスは巻き取りにくいので、ちょっともったいないけれど使い捨てです。

❖放飼を終えてからの肥育法

イネの穂が出る8月中旬になったら、カモを田んぼから引き上げます。その頃には田んぼの中の虫も草もずいぶんとなくなってしまっているので、穂が出たら真っ先にカモにねらわれてしまうからです。カモから見たら穂なんてはるか上空にあるようですが、彼らは、いちおう羽を持っていますのでジャンプしたり、またデカい水かきを使ってイネをなぎ倒したりして穂を食べよう

表2－5　アイガモ稲作10a当たりの経費

区分		項目	単価	金額	合計
支出	育すう時	ヒナ代	20羽×500円	10,000円	92,700円
		エサ代		少々	
	本田	電気柵本体（初年度のみ）		20,000円	
		電線　（初年度のみ）		1,000円	
		ガイシ　（初年度のみ）	70個×60円	4,200円	
		エキスパンドメタル（初年度のみ）	17枚×2,500円	42,500円	
		鉄の支柱（5.5m）（初年度のみ）	7本×2,000円	14,000円	
		テグス		1,000円	
		引き上げてからのエサ代		少々	
収入		完全無農薬米	6俵×42,000円	252,000円	312,000円
		アイガモ肉	20羽×3,000円	60,000円	

注）10a当たりのアイガモ羽数は基本の20羽で計算

とします。田んぼの内外、どいつもこいつも食うことには必死ですね。ま、人間もそうなんですが……。

田んぼから引き上げたカモはイネをつくっていない田んぼに入れて肥育しています。水鳥でもある程度大きくなれば、あまり多くの水はいらないようで、水浴びが少しできる程度あればいいようです。

エサはくず米主体で米ぬか、せんべいくず、くず小麦などを毎日やっています。やる量は食べるだけ。鳥類は牛と違い、食べ過ぎで調子を悪くすることはないそうです。

産まれてから約2カ月半くらいで成長し、その後はいつでもお肉にすることができます。「エサ代がかかるから」とすぐにお肉にされる方もいらっしゃいますが、「霜が降りる頃にならないと脂が乗らない」と、12月まで飼育される方もおられます。わが家は各地の農家から持ち込まれたアイガモの処理の合間にお肉にします（表2－5）。

第3章● 小さい畜産の精肉加工

わが家の肉が手元に届くまで

❖とてもおもしろい仕事のひとつ

最初はアイガモ処理場から始まった、わはは牧場のお肉ストーリーですが、これは父親が必要に迫られて始めたものです。それがきっかけで精肉加工の分野に広がっていきましたが、どこかで何年も修行したわけでもなく、まったくの素人からのスタートで、まさか自分が包丁を持つ仕事をするなんて思ってもいませんでした。

写真３－１　豚肉をさばいているところ

始めてみれば、こんなことできるのだろうかという不安、戸惑いなど、うまくいかないことばかり。そんな中、食鳥処理の大先輩や知り合いのお肉屋さんのお世話になりながら、また迷惑をかけながらここまでできるようになりました。今ではとてもおもしろい仕事のひとつです（写真３―１）。

残念に思うことは、この仕事を始めた父から何も教えてもらうことができなかったことです。以前から「いずれは肉屋をやりたい」と言っていた父でした。カモをさばくだけでなく精肉にする技も持ち合わせていた父は、私たちが右往左往しながらお肉をさばいている姿を、天国ではがゆく見ていることでしょう。

❖自分らで考えてやってみる

お肉の処理とか販売と聞いてもピンとこない人のほうが多いと思います。せっかく自分たちが育てた家畜ですから、最後まで自分たちで面倒をみたいものですが、勝手にお肉にしてはいけないのです。

生きた動物をお肉にするための骨抜

●「屠畜場法」で屠畜場以外の場所で屠殺・解体が禁止されている動物

●屠畜場での解体が困難として「屠畜場法」の対象とされていない動物

食用目的で自分で屠殺・解体することはできるが、販売することはできない。販売するためには許可が必要

●「食鳥処理の事業の規制及び食鳥検査に関する法律」で解体が規制

アヒルなどの家禽類

（規制は不特定多数に供給する場合で、家庭でふるまう場合は規制されていない）

図３－１　屠殺や解体ができる動物、できない動物

きや内臓摘出などの食肉処理は、食肉処理業（くわしくは77ページ）の許可を取ればできますが、屠殺は屠畜場法によって、できる施設が限られています（図3―1）。よって、わが家でも食鳥以外の家畜は、それぞれ専用の屠場で屠殺してもらったものを引き取っています。それ以降の小分けや筋引き、スライス、ミンチからパッキング、加工食品の製造までは、自前の施設で自分たちで行なっています。

これらは、肉屋さんなどで修業して始めるほうが年数はかかっても近道であるように思いますが、私たちのように数日間だけ教えてもらって後は我流でもなんとかなるもんです。ただ、いずれも数をこなさねば習得できない技術であることには間違いないので、最初は思うようにできなかったりムダが出たりしますが、誰だって最初はそんなもの。やればできるようになります。

遠回りのようですが、どうやったらできるかということを教えてもらうのではなく、自分らで考えてやってみるというスタイルは、今やほとんどのことがマニュアル化されている時代だからこそ楽しみのひとつでもあります。

❖豚は枝肉を引き取って わが家で処理

豚は月に1～2頭を兵庫県たつの市にある屠場まで持ち込んで、「枝肉」という頭と足と内臓が除かれて骨が付いたままの状態にしてもらいます。中2日あけて引き取りに行きます（図3—2）。

朝一番に保冷コンテナを積んだ軽トラを走らせ、午前10時頃までに帰ってきて休憩もそこそこに、すぐ処理を始めます。そのまま商品にできる部位（ヒレ、スペアリブなど）は真空パックして商品に仕上げ、夕方には片付けを含めて作業は終了します。

他の部位はブロックで一度冷凍し、後日半解凍状態まで戻してスライスしています。

❖牛の枝肉からの処理は あきらめた

「牛は豚よりブロックに小分けしやすくラクですよ」、なんてうわさで聞いていたのもあって、最初は豚と同じように牛も枝肉から処理するぞ！　と意気込んで、最初の1頭は自分でやりかけました。しかし、あまりのデカさにどうしようもなくて（天井が低くて枝肉がぶら下げられないのも理由のひとつ）、結局お隣の朝来市にある屠場で枝肉にしてもらい、知り合いのお肉屋さんで骨抜き、小分けにしてもらっています（図3—2）。

大きなブロックでわが家に届いたお肉は、冷蔵庫の中で約1カ月、普通のお肉より長期間熟成します。熟成によって肉が軟らかくなり、うまみのもとのアミノ酸が増えるといわれています。経産牛は硬いといわれるので、ちょっと長めに置いたほうがよいようです。

そのあとは豚と同じです。ただ、牛は細かい部位も多く、それぞれに分けなければ商品価値を活かせないので日にちがかかります。

❖アイガモは屠殺から 精肉までわが家で

アイガモは、屠殺、放血からパック詰めまで、すべてわが家で処理しています（図3—2）。ニワトリも同じように処理できますが、うちはアイガモをメインにやっているのでニワトリの

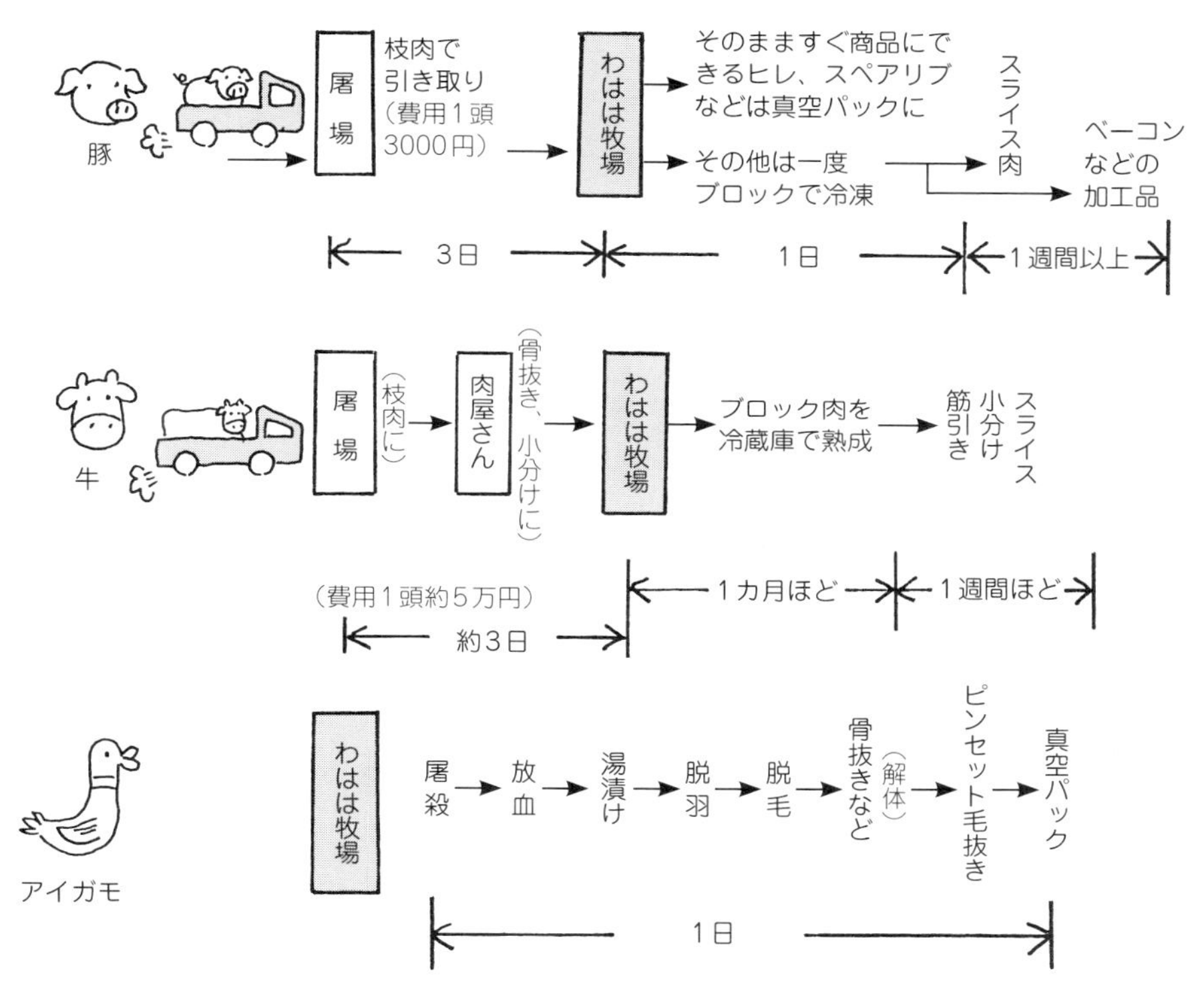

図3－2　豚、牛、アイガモが肉になるまで

ほうが難しく感じます。

放血後、お湯に浸け、脱羽毛機(だつうもうき)にかけてざっと毛をむしったのち、後述のようにワックス（蝋）で脱毛処理をします。その後、骨抜きなど解体していき、胸肉、モモ肉と分かれたら最終的にピンセットで細かい毛を抜き、パッキングします。

カモは、水鳥なので羽毛が細かく、ニワトリのように簡単に脱毛ができません。いかにきれいにするかがカギとなります。わが家ではワックスで羽を固めてから抜き（こうするとベロっとはがれる）、残った毛をピンセットで手作業で仕上げています。薬剤で処理する方法があるらしいと聞きましたが、いくら人畜無害なものであってもそういうものは使いたくないです。

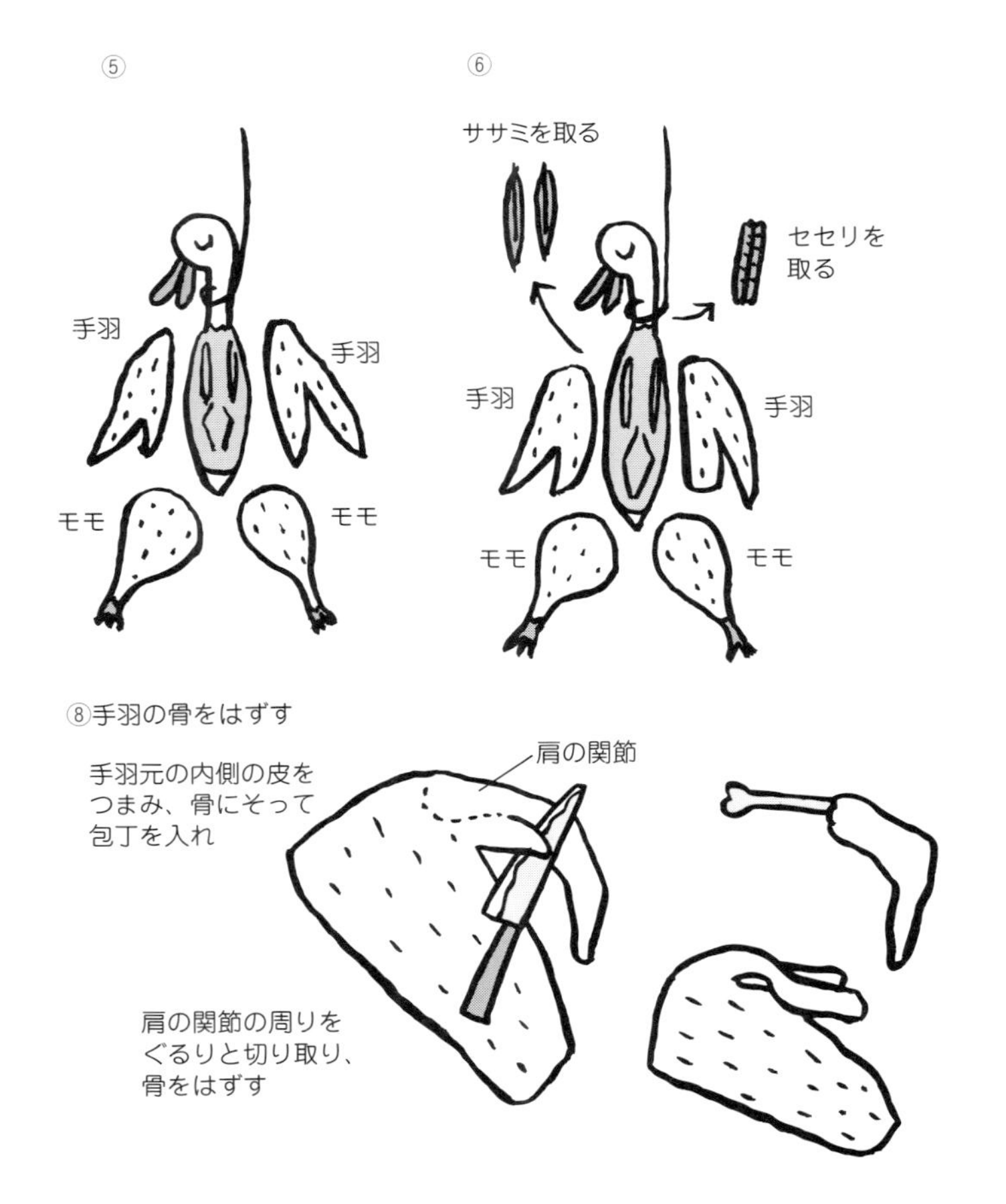

カモのさばき方のコツ

年間に5000羽ほどのアイガモ（アヒルを含む）を処理していますが、毎回同じようで違います。肉専用にバラツキなく飼育されたものとは違い、アイガモ農法で飼育されたものは、飼う人、地域によって育ち方がまったく違ってきますので、それぞれに合わせた〝さばき方〟が自然と身につきました。

❖動物の体のしくみは共通、まずは鳥で覚える

いろんな家畜をさばくようになって思うことは、動物は基本的に同じ骨格からできているということでしょうか。それは鳥と牛ではまったく違うのです。しかし、それらには共通点があるように思えるのです。骨や関節の付き方、筋の通り方などは似ているところがありますし、関節を簡単にはずす方法は

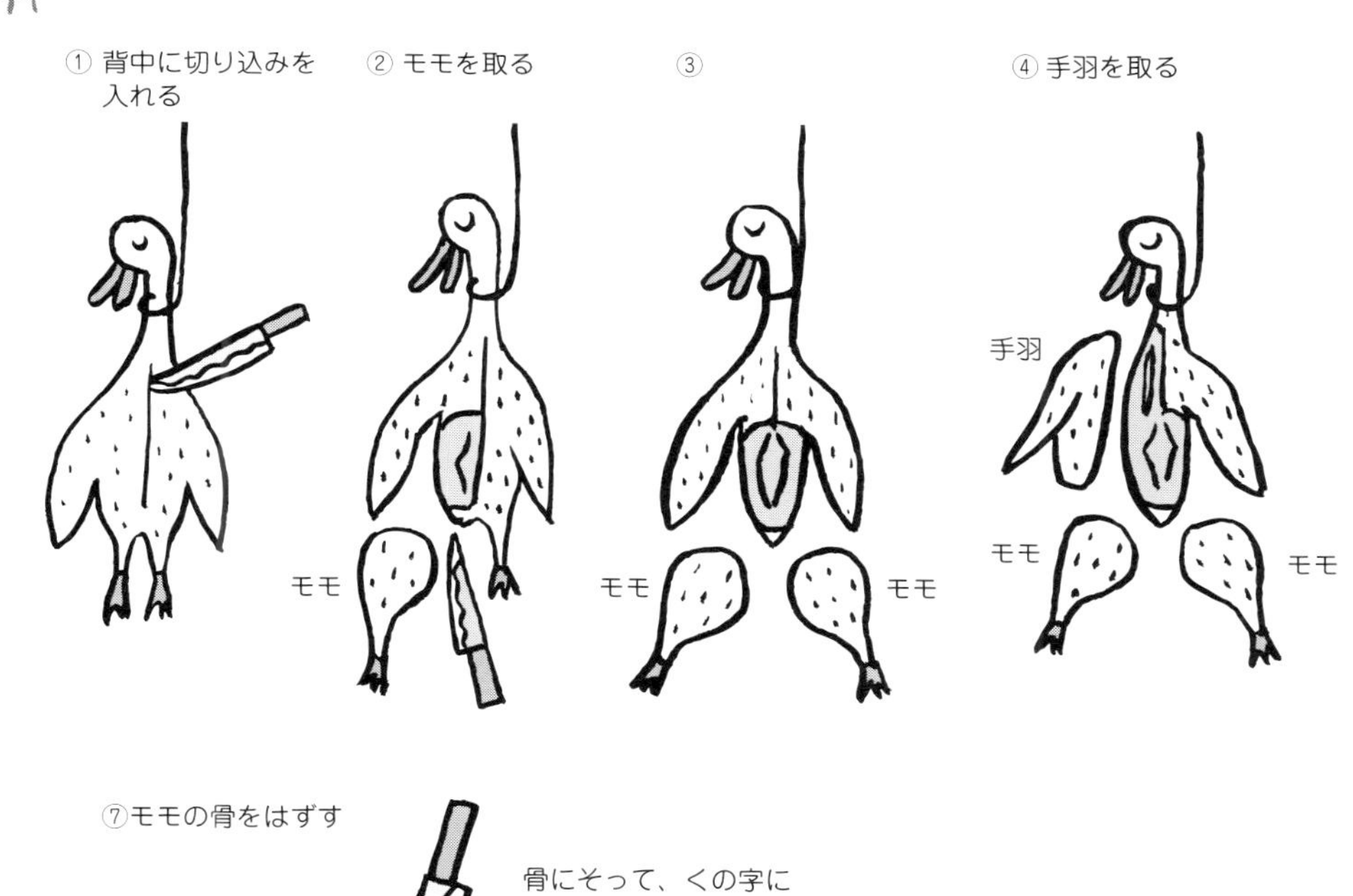

図３－３　カモのさばき方

鳥も牛も変わらないように思いました（図３―３）。

なので、鳥で大ざっぱな方法を覚えて順に大きな動物をやっていけばやりやすいと感じたのですが、一般的にはそれぞれ専門の職人がおられて、その方たちは他の種類は門外漢かもしれませんね。こうやっていろんなことにチャレンジできるのも小さい畜産のおもしろいところだと思います。ちなみに、えらそうなことを書きましたが、わたくし、魚をおろすことはまったくできません……。

❖首から吊り下げてさばく

最初はまな板の上でさばいていました。それが普通ですし、特に疑問にも思っていませんでした。もちろん父もずっとそうやっていました。

しかし、大規模処理場では屠体（とたい）の

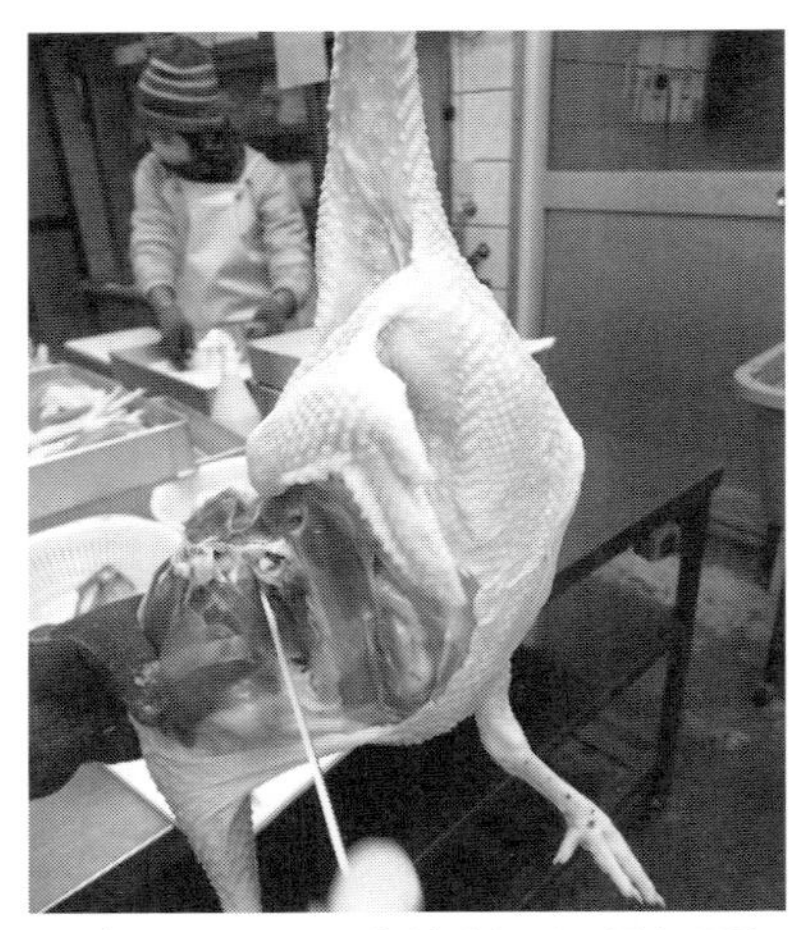

写真3－3　モモをはずしているところ

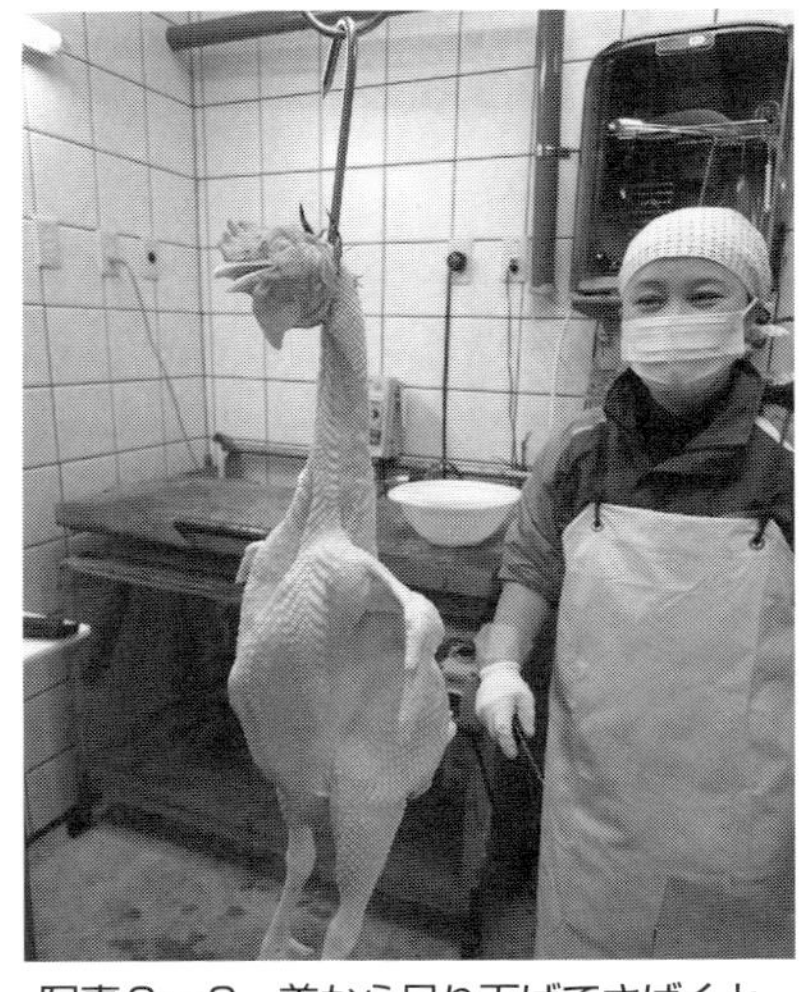

写真3－2　首から吊り下げてさばくと、まな板が水浸しにならず、血や排せつ物で肉が汚れることもない（写真は鶏）

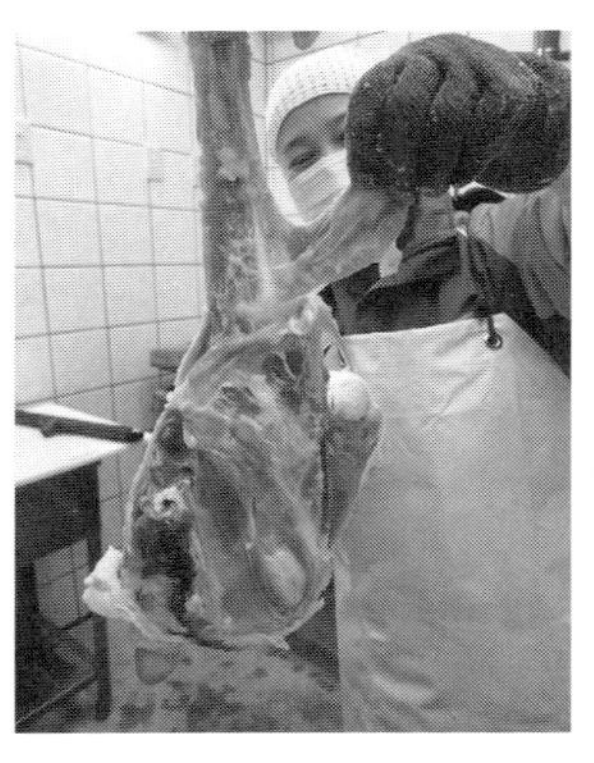

写真3－5　50秒ほどで解体終了

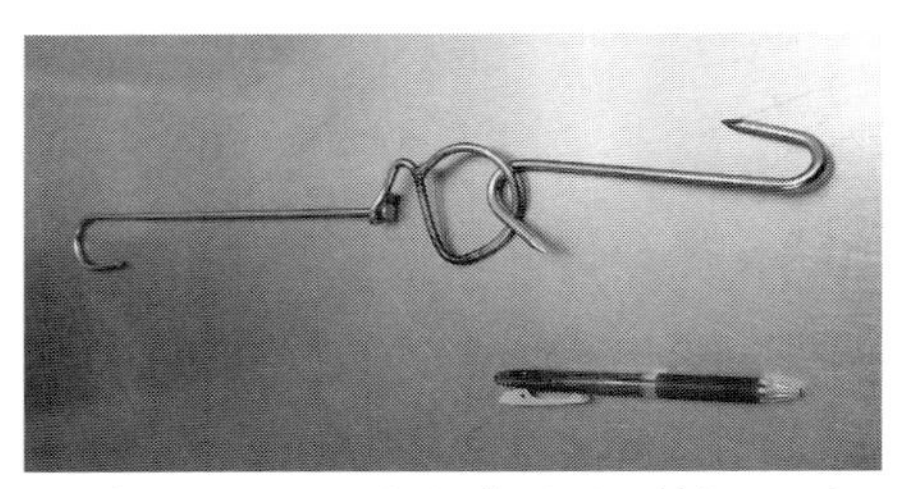

写真3－4　カモをさばくときに使うフック

足にフックを引っ掛けて、ラインに乗って処理されていきます。そういうスタイルにあこがれたわけではありませんが、これはきっと作業が速いだけではないメリットがあるはずだ！　と思い、ぶら下げる方法でやってみました（写真3―2～写真3―5）。

しかし、アチラは足を引っ掛けています。うちでは工程の違いで足をはずすところから始めるので、そこを引っ掛けると何もできないため、首にフックをかけてぶら下げました。ちょっと見た目はよくないです。まあ足を引っ掛けられているのも逆さ吊りで怖いですけど。

首を引っ掛けた状態だと、今までまな板の上でやっていたのとまったく同じ包丁さばきが空中でできることがわかりました。モモをはずし、胸をはぎ、ササミをはずします。

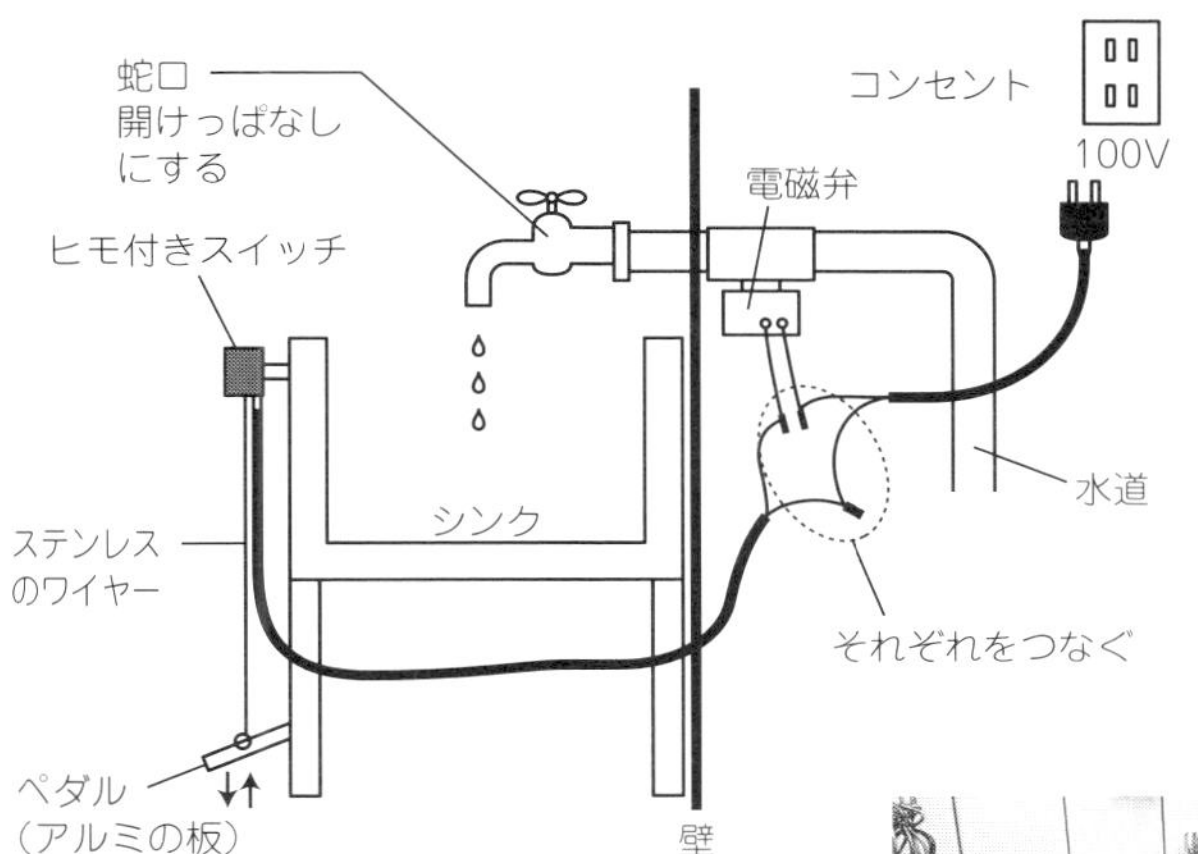

足で開閉できる水道

ペダルを踏むごとに電磁弁が開閉し、水が出たり止まったりする。壁の中の配線を触る場合は電気工事士の資格が必要（100ページ）。コンセントに差し込んで電源を取る分には問題ない。電磁弁は、蛇口をはずして壁の外に付けるとやりやすい

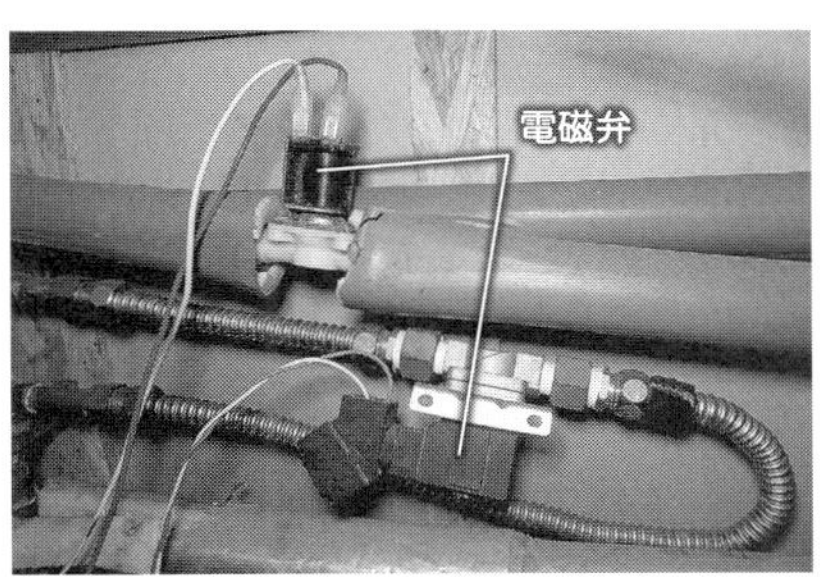

写真3－7　電磁弁。家庭用の電源（AC100V）で作動するNC（通電時間）タイプを使用。5000円くらいで手に入る。水道につなぐためのニップル類は現場に合わせて用意

写真3－6　足踏みスイッチを取り付けた水道

図3－4　アイガモ処理場の水道のしくみ

フックはステンレス製で回転する構造に作ったので、指1本でクルッと反転でき、ここまでわずか50秒ほどでできるようになりました。

いや、それ以上のメリットがこの方法にはあります。そう、汚れないんです。さばいていると、どうしてもまな板に血が付き、肉を汚すことがあるのですが、吊り下げた状態でするので肉に血がつきません。同様に、排せつ物まみれになるのを防ぐために肛門をしばる必要もなくなりました。

❖足で開閉できる水道の工夫

お肉を触っているときにも水道を使うシーンは数多くあります。しかし、お肉を触った手では、いや、どんな場合も作業中は蛇口を手で開け閉めするのは衛生上よろしくないで

す。そこで、うちの処理場では足で水道が開閉できるように工夫しました（図3―4、写真3―6、写真3―7）。

屠場などで見かけたことがあるので、市販されているものもあるのかもしれませんが、ペダルのオンオフで弁を開閉します。それを2つ取り付けて、片方は水、片方はお湯のスイッチにしています。出しっぱなしが必要な作業もあるので、踏んだときだけ出るのではなく、1回踏んだら出て、もう1回踏めば止まる、というオルタネート式にしています。

公衆トイレなどでは手をかざすと水が出るセンサー式のものがだいぶ普及してきましたが、手をかざさないと出ないというのは、大きな鍋やトレイなどの洗いものができないということです。そういうセンサー付きの水道栓も市販されていますが、これでは仕事になりません。

ベーコンと燻製器の作り方

お肉が好きだったのに、市販品の中身を知れば知るほど、特に加工品は添加物が怖くて食べられなくなってしまいました。しかし食べたい。じゃあ作ろう。まあわが家のいつものパターンですね……。

そこで我流でベーコンを作ってみました（写真3―8、写真3―9）。それがおいしかった。自分だけではもったいないし、こういう無添加のものを求めている人もいるだろうという流れで、食肉製品製造業の許可（くわしくは79ページ）を取りました。もちろん添加物はいっさい使用せず、塩と香辛料のみで作っています。

❖ベーコンの作り方のポイント

ベーコンは豚バラ肉を燻製にしたものですが、その作り方はビギナーズラックがそのまま今に至っています。絶妙な塩とスパイスの配合はいちおう企業秘密とさせていただきますが、今やネットでも十分な情報が得られます。ただ、やり方は十人十色、どのやり方が自分にマッチするかの試行錯誤は必要かと思います。

わが家では、ソミュール液（スパイスなどを加えた塩水）に漬け込むのではなく、香辛料をすり込む方法です（図3―5）。

塩とスパイスをすり込んだ後、真空

パックして冷蔵庫で熟成させ、塩抜きをしてからスモークにかけます。燻煙だけの熱で長時間かけて加熱し、お肉の最深部を63℃で30分以上維持させています（スモーカーにセンサーを付けてチェックしています）。季節によって加熱時間は異なり、冬季だと12時間ほどかかる場合があります。

スモークに使うチップは自家生産のものです。わが家に生えていた桜の木の枝を乾燥させ、専用のチップマシン（電動カンナを改造）で粉砕して使っています。燃やすものとはいえ、食品に使うものですから、機械はこれ専用のものとしています。

❖燻製器は煙が逃げなければいい

燻製の道具は、15～30℃の低温の煙で長時間燻す「冷燻（れいくん）」なら、煙さえ逃げなければＯＫです。なので、簡単な箱の中にヒーターを入れ、その上に置いた鍋にチップを入れて煙を出せばいいだけです。

家庭用コンロにかけられる直径20㎝ほどの燻製器（スモーカー）も市販されていますし、それに入らなければ一斗缶、それでも入らなければ段ボール箱でも大丈夫です。ただ、可燃物を利用する場合、くれぐれも火事には気を付けなければなりませんが。

わが家も試作は寸銅鍋程度の市販の

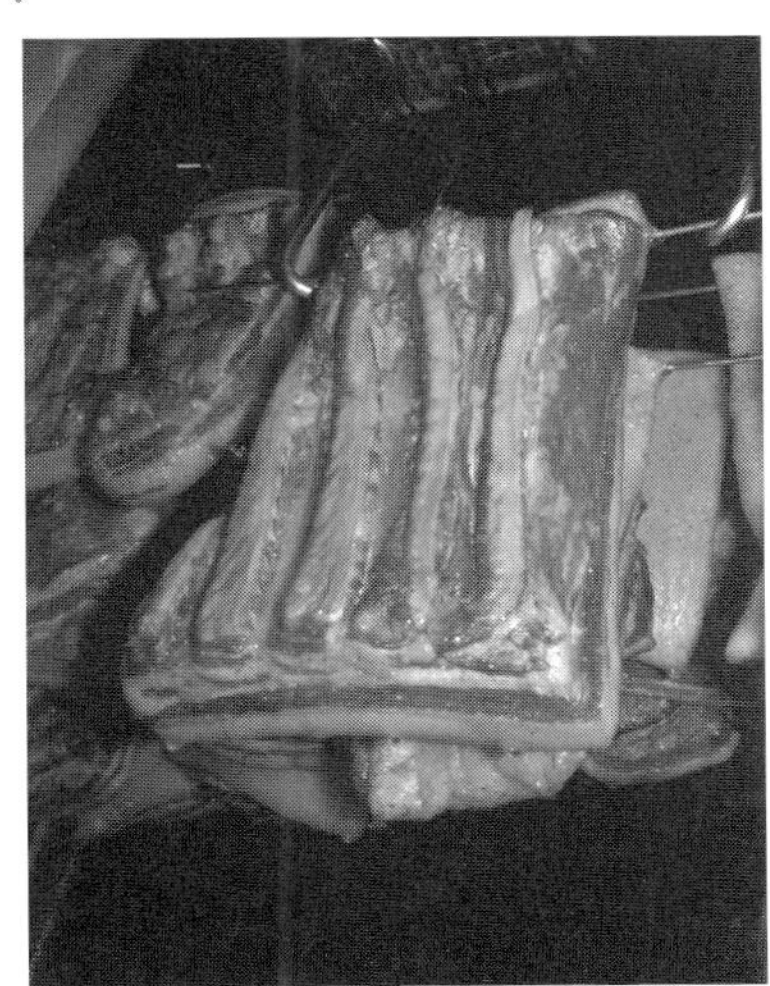

写真３－８　燻煙中のベーコン

写真３－９　冷蔵庫を改造して作った燻煙器(スモーカー)

図3－5　ベーコンの作り方

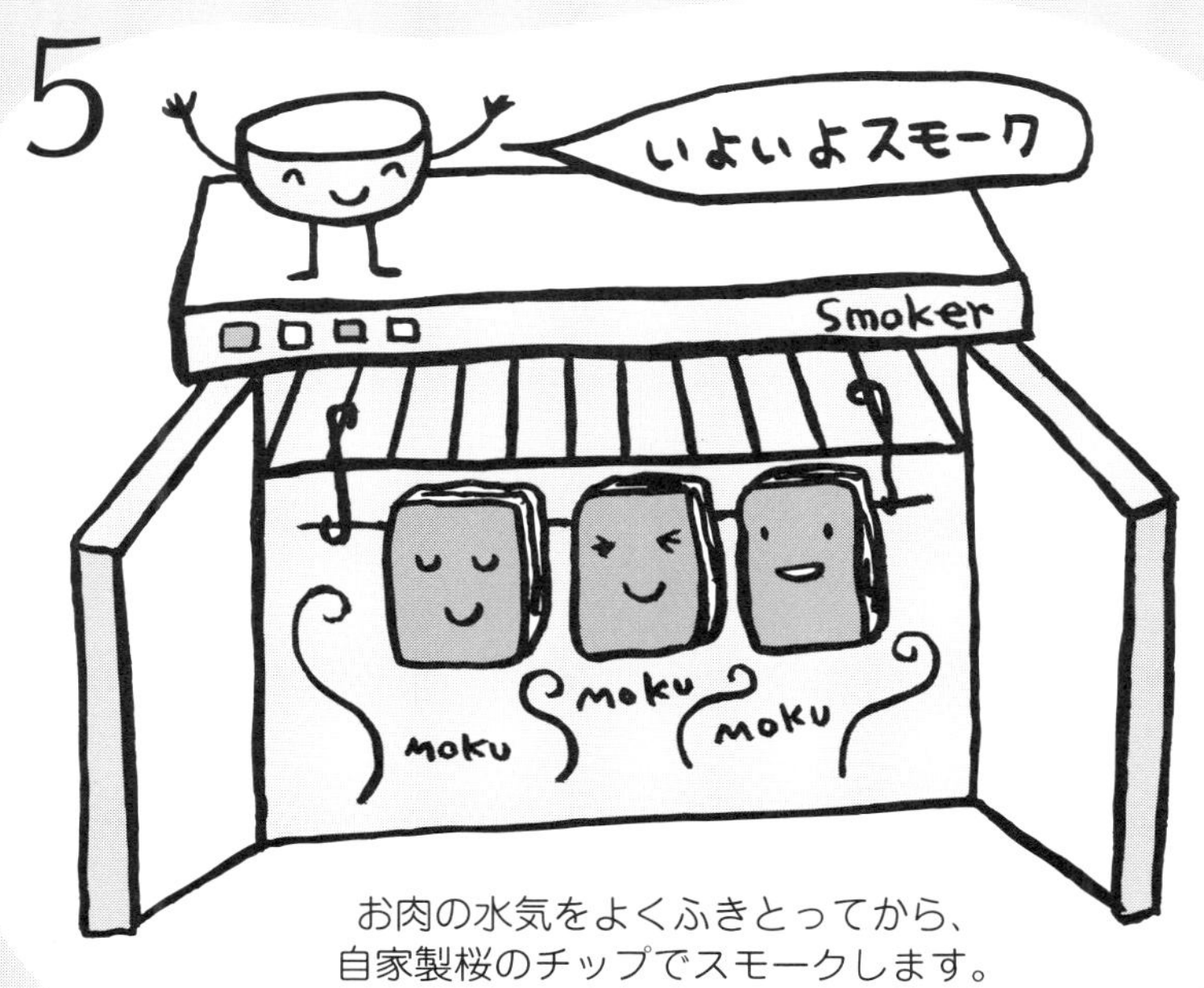

お肉の水気をよくふきとってから、
自家製桜のチップでスモークします。
お肉の中心温度が63℃になるまで約10時間前後
加熱し、63℃を30分維持します。

燻製器で始め、次に段ボール、コンパネで囲った箱と進化していきました。ヒーターもその頃はサーモスタットの簡単なスイッチでした。

❖今は冷蔵庫を改造した燻製器

可燃物で作った燻製器は火災の危険もありますが、それより衛生上のことが気になります。やはりステンレスなどで囲われたほうがいいのですが、これも本物はかなり高価なものです。

というわけで、燻製器も作っちゃいました（図3―6）。お手軽なステンレスの箱ってなんだろう？　そうだ、業務用冷蔵庫がピッタリだ！

ただし、わが家で作るベーコンは、燻製と同時にお肉の加熱（63℃で30分）もする「温燻（おんくん）」ですので、耐熱性のあるものを作る必要がありました。

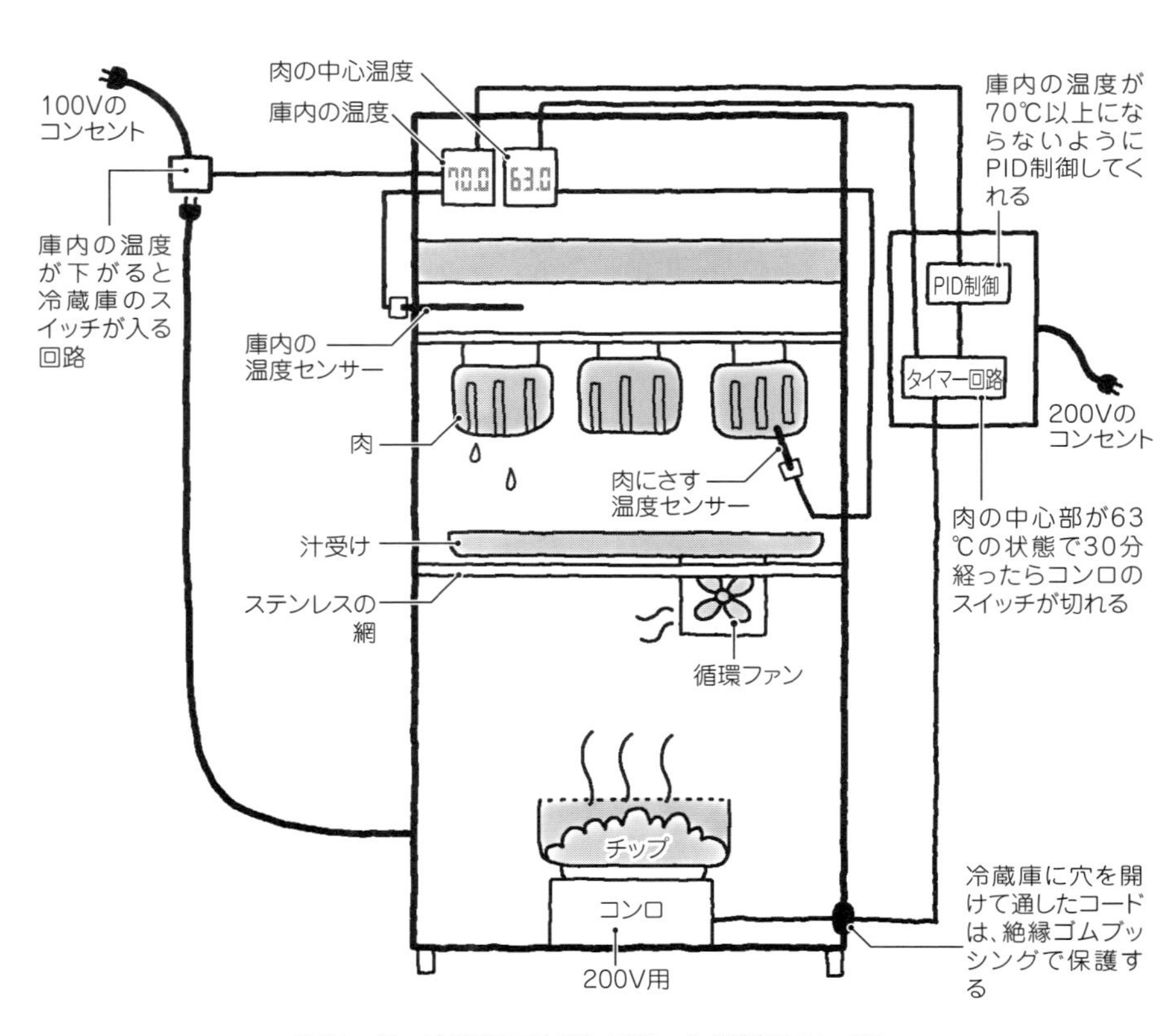

図3－6　冷蔵庫を改造して作った燻製器のしくみ

そこでネットオークションで中古の冷蔵庫を落札し、改造することにしました。ステンレス製といっても内張りなど部分的にプラスチックが使われているところはそれらを取りはずし、ステンレス板に換装しました。

そして蓄熱用に庫内にレンガを敷き、コンロ（ヒーター）を置きます。ただの電熱ヒーターですが、ここは自作のメリットを活かして制御回路を工夫しました。いわゆるＰＩＤ制御というもので、ただ単に設定温度でオンオフするのではなく、先を読んで急激な温度上昇では設定温度に満たずともオフになり、また急な下降では早々にオンになるようなスイッチで、庫内温度の変化が少なくなるというものです。

それに合わせて、肉の中心温度も常時表示され、その設定温度と時間（63℃30分）になれば自動でスイッチが切れ、おまけに冷蔵庫のスイッチが入り、冷却まで自動で行なう燻製器が完成しました。

とはいえ、結局は個々の肉の大きさも違えば、季節により温度変化もかなり違うので、庫内の上限設定温度のみ指定し（70℃以上になると肉が硬くなるのでそれ以上には上げない）、自動機能はオフにして、あとは1時間おきにチェックするという、スモークの日は手も目も心も離せない、他に何もできない1日ではあります。

その分、できあがりは毎回満足しています。気温、湿度など、その日の微妙な変化を読んで自力で作り上げるベーコンは、おいしい以外に言葉はありません。

写真３－10　スライスしたベーコン

結着剤を使わないソーセージは冬に作る

写真3－11　ソーセージを作っているところ

写真3－12　ソーセージの製品

ソーセージも作っていますが、こちらはベーコンと違って試作に2年以上の歳月をかけてようやく完成しました（写真3―11、写真3―12）。結着材などの添加物を使いたくなかったので、文字どおり〝塩梅〟が難しかったのです。

結着剤などを使わないで作るコツは、冬に作ることです。夏は氷を混ぜても肉の温度が上がりやすいので、寒い冬に暖房をつけずに作業するのがコツです。

季節限定といえば、わが家の定番商品のひとつ、パラパラ脂もそうです。これは豚の背脂を冷凍し、ミンチにかけて再度冷凍、それを数回くり返して完成させるのですが、背脂は溶けやすいので、冬の極寒の時期しか作ることができません。

通年作れる商品も必要かと思いますが、自然界では真冬にトマトやキュウリができないように、その季節にしかできない食肉加工食品もあっていいと思います。

精肉加工を始めるために必要な許可

❖まずは保健所に相談するところから

食肉に関する許可は都道府県で認可されます。自治体によって多少しくみが違ったり扱える範囲の解釈がまちまちだったりします。なので、最終的にはお住まいの地域の担当部署に確認いただくとして、ここでは参考程度に読んでいただきたいと思います。

食に関する仕事を始めるとき、まずは保健所へ相談するところが第一歩です。そこでくわしく必要な資格や施設のことを教えてもらえます。何を聞いていいかわからないといったところからでも、やりたいことを話せば、たいがいは親身になって教えていただけるものです。

わが家の場合、まず父がアイガモ処理場の建設をしようと言ったときからお世話になりました。その時に、「食鳥処理衛生管理者」の資格がいること、手洗いや冷蔵庫、換気扇などといった施設に必要な設備などを教えていただき、設計図を提出。そこで設計ミスがないかどうか確認してもらってから作り始めました。

そして、できあがったら現地確認があり、不備がなければ許可証を発行してもらえます。いきなり作って、「できたので確認に来て」ではなかなか難しいはず。許可が出たらおしまいということではなく、その後のほうが保健所との長い付き合いとなるので、お互いに気持ちのよい間柄でいたいものです。

なお、行政との関係は、役目が分かれており、食肉販売に関しては保健所、食肉処理となると食肉衛生検査所、また、生きた動物に関しては家畜保健所の管轄となります。

❖「わはは牧場アイガモ処理場」の場合

ちなみに、「わはは牧場アイガモ処理場」は、施設の許可では食肉衛生検査所の管轄の「認定小規模食鳥処理場」で、それを開設するには食鳥処理衛生管理者の資格が必要となります（表3―1）。

これで鳥をさばくことはできるようになりますが、これだけでは毛をむしり内臓を取るところまでしかできません。引き続き、解体し、お肉にす

表3－1　私が持っている食肉加工に関わる許可と資格[1)]

食品衛生法上の許可[2)]	食肉処理業	枝肉やブロック肉を解体処理（骨抜き）する場合に必要
	食肉販売業	骨抜き後の肉のカット、包装、販売に必要。ただし個人に売る場合は骨抜き作業からできる
	食肉の冷凍または冷蔵業	肉を冷凍・冷蔵して販売するのに必要
	食肉製品製造業	ハムやベーコン、ソーセージなどを加工する際に必要[4)]
	飲食店営業	販売店舗で飲食を提供するのに必要
食鳥処理事業に関する法律[3)]	認定小規模食鳥処理場	アイガモなどの鳥を年間で30万羽以下、処理する（屠畜）施設に必要[5)]
資格	調理師	約20年前、趣味で取得
	食鳥処理衛生管理者	認定小規模食鳥処理場を使う際に必要

注1）これらの許可、資格でできることの範囲は都道府県によって異なる
2）保健所の許可
3）都道府県知事の認可
4）許可を取るためには（作る商品によって）食品衛生管理者の資格が必要
5）認可を受けるには食鳥処理衛生管理者の資格が必要

るには、それに合わせて保健所の管轄で「食肉処理業」が必要で、できた肉を売るには「食肉販売業」が必要となります。お肉に冷凍や冷蔵は必須ですので「冷凍冷蔵業」も必要です。もし、持ち込まれたアイガモに病気が見つかればそれは「家畜保健所」の対応となります。ややこしいですね。

❖食肉販売業の許可取得は必須

このように、お肉を売るには食肉販売業の許可が必要です。ただし、すでにパックされた状態のお肉を仕入れて販売するだけなら、「包装食肉販売業」の許可ですみます。こちらは直接お肉を触らないことが前提ですので、簡易な施設でよく、敷居が低く始めやすいです。

食肉の解体処理は食肉処理業が必要ですが、どこまでが処理なのかというこのへんの解釈が自治体によって異なるようです。遠方の同業者の方と話がかみあわないと思ったこともありますので。

❖コロッケの話

余談ですが、コロッケの話です。カモを処理したときに出るくず肉をなんとかしたくて総菜屋さんに原料として売り込みに行ったのですが、そこでは自社販売用にはいわゆる鶏肉の入ったコロッケは作らないとのこと（経営者がただ単に鶏肉嫌いだったようです）。それで「うちでは売らんけれど、あんたらが自分で売るならコロッケを作ってやる」というふうに言われ、作って

もらう話になってしまいました。

そこでカモ肉を持っていってお願いしたところ、最初、百数十個の予定が、いきなり数百もでき、まだ売りもしていないのに「次のができたよ」と、また数百個……。「こんな数どうすんだ?? とても食べきれない！（当たり前ですよね、家族５人で）」。そこで、イベント販売するしかないなと、移動販売（露天商）の許可を大急ぎで取ったのでした（今はお店をオープンしたので返納）。

写真３－13　人気商品のコロッケ

そのコロッケはイベント販売でヒットしたのはよかったのですが、自分たちとしてはもうちょっと肉が入ったのを食べたいということになり、結局自家生産することになりました。

今では、季節により異なることもありますが、ジャガイモ、タマネギだけでなく小麦粉も自家製の無農薬栽培のものを使用して、ちょっと大きめの食べ応えのある「があぶうコロッケ」として、わはは牧場の人気定番商品となっています（写真3―13）。

コロッケの原料にカモ肉と豚肉を使っているので、カモの「があ」、豚の「ぶう」を合わせて「があぶう」です。また、大人も子どもも「がぁぶぅ」と食べてほしいという願いも込められています。

❖ベーコンを作るためには食肉製品製造業

食品を作る場合、その原料として食肉が50％を超えるものは「食肉製品製造業」の許可が必要です。これはお肉関係の許可の中ではいちばん敷居が高いものとされています。わが家もベーコンを作るにあたって何回も保健所に相談してようやく許可をいただくことができました。

施設では、製造室内に、漬け込み室、燻煙室といった独立した部屋が別に必要で、また資格では食品衛生管理者が必要です（似たような名前の「食品衛生責任者」とはまったく別の資格です）。食品衛生管理者には、医師、獣医師、大学で農業や食関連の学部を卒業した人などであれば、そのままなることができますが、そのような学歴のない場合は3年以上の従事経験のうえ約2カ月の講習を受ければ資格を得ることができます。どちらも難しい場合は有資格者を雇うという方法もあり、わが家も今はそのようにしています。

精肉加工を始めるために必要な機器

◆加工機器は真空パック機と冷凍庫から

精肉加工を始めるためには、冷凍庫、冷蔵庫は必須です。すでにパックされたお肉を扱う包装食肉販売ならそれだけでOKですが、精肉作業をするにはお肉をスライスするためのスライサー、また、ミンチにするミンチマシンなどが必要です（写真3―14）。

回転の速いお肉屋さんでは、スライスしたお肉をトレイに並べてラップをかけて冷蔵販売していますが、これだと1～2日で売り切ってしまわねばなりません。わが家ではさばいた1頭分を数日で売るなんてできませんので、すべて冷凍販売しています。

そのままの状態でお肉を冷凍しても霜が着いてしまったり、長持ちしなかったりするので、真空パックにして急速冷凍庫（ブラストチラー）で凍らせています。通常の冷凍ではなく、急速冷凍していることで品質の低下を最小限に抑えられているようです。

この方法の利点はかさばらないことです。トレイだとけっこうかさばりますが、使い切りサイズの小さなパックなのでストックするにも便利です。要望に応じてお客さんの使いやすい量でパックすることもでき、使い切りサイズは喜んでいただいています。

喜んでもらえる理由にはもうひとつあります。真空パックだと解凍するのも便利なんです。この状態のまま水に浸けておけばすぐに解け、料理に使うことができます。それに、包装はプラスチックの袋だけですので、ゴミの量が減るというのも重要なところです。

◆真空パック機も自作

ちなみに、真空パックの機械も自力で作りました。もともとアイガモ処理で使う予定で、効率もよいように一度に4袋ほどパック可能な大きなサイズのもの（シール幅約1m）が必要だったのですが、そのくらいのサイズの機械は100万円以上と値段も高い。しくみを見たら作れそうだったので、鉄

を切ってチャンバーという真空になる部屋を作るところから始めました。

しかし、案ずるより産むが易しではなく、案ずるほど産むのは難しかったです。どうせ作るならと市販のものと同じフルオート制御できるようにしたら、結局完成まで2年以上かかってしまいました。途中どれだけ挫折しかけ、市販品を買おうと思ったことか……。

写真3－14　加工場の内部

ただ、できあがってみたら、堅牢な設計にしたのも功を奏してか、作って10年ほどになりますが、大きなトラブルもなく現役で働いてくれています。

❖冷凍庫がダウンしたときの警報器も自作

わが家には冷凍庫、冷蔵庫がたくさんあります。何台も置いているのは、もし1台がダメになっても他でカバーできるようにというためでもあります。

しかし、そういう起こってほしくないことは忘れた頃にやってきます。知らぬ間に電源が落ちていたとか、機械本体の不具合で冷えなくなってしまったとか。それを未然に防ぐことはなかなかできないものですが、早期発見できれば中の商品のダメージは少なくなるので、こんな機械を作ってみました。

それは、「全冷凍冷蔵庫監視システム」です。名前だけはかっこいいですね。これは、冷蔵庫、冷凍庫すべてに外付けのセンサーを取り付け、温度表示機を1台にまとめ24時間体制で温度をモニターするものです。そして、モニターするだけでは芸がないので、設定温度（短時間なら品質のダメージを受けないであろう温度、マイナス10℃とかで設定）より庫内の温度が上がってくればアラームが鳴り響くようにしました。

そのアラームは一度鳴れば温度が復活しても停止ボタンを押すまで止まりません。自分の足で駆けつけてなぜそうなったかを追求しなければなりませんので。アラームは、作業場、リビング、駐車場と3カ所に取り付け、家の中のどこにいようとわかるようにしています。ちなみに、うちのお店のショーケースの温度も見たかったので、遠く離れたその場所まで総延長

150mくらい、センサーのケーブルを引っ張りました。

これは家庭用電源で動くように作りました。しかし、冷蔵庫がダウンするときはほとんどが停電でしょう。停電となればこの「全冷凍冷蔵庫監視システム」も落ちるわけです。それじゃ使えないではないかということで、ソーラー電源を屋根に上げ、常時電源をまかなう算段となっています。

ちなみに、これだけでは電気が余ってしまうので、携帯電話やパソコンなどの充電、夏場は扇風機など低電力のものを動かすことができ、省エネに貢献しています。これはパネル3枚だけの小さな発電なので、売電などははなから考えてはおらず、それが逆にローコストで小電力をまかなう手段にはちょうどよいのです。

❖業務用加工機器はネットオークションで

いずれの機械も、わが家にあるものは「業務用」と名の付くものです。新品やリースは高いので、中古でも頑丈なものが多い業務用機器を安く手に入れ、オーバーホールがてら大掃除をして、見つかった不具合を直して使っています。一度直せば使用後の掃除、消毒、そして、メンテナンスを怠らなければ、そうそう壊れるものではありません。

近場のリサイクルショップでも掘り出しものがある場合もありますが、往々にして高いことが多いので、わが家ではネットオークション（103ページ）で探すことが多いです。

その場合でもショップでの出品者は避けることが多いのですが（利益を乗せているので高い、また消費税が別途必要）、たまにどういう機械なのかを含めて価値がわからずに出品していて、思わぬ安値で落札できる場合もありますので、そういうものはねらいめですね。

わが家のお肉の機械は、閉店するお肉屋さんが出品していたものです。引き取りに行った際に「ついでやからこれも持って帰って！」と冷蔵庫や他の機械など通常のオークションで落札すればそれなりの価格になるものまでいただきました。個人出品の方とのやり取りはこういうオマケが付くこともあるのでおもしろいです。

また、落札したものは少々遠方でもドライブがてらにトラックで引き取りに行くことが多く、これも楽しみのひとつです。送料と思えば高い高速代も、楽しいドライブだと思えば安く感じます。

第4章● 小さい畜産の売り方

こだわりを貫き通す

わはは牧場ではお肉の生産量が少ないので、いかにロスなく売るかがポイントです。廃棄分を見込むような売り方ではなく、全量を売ってしまう。逆に商品が足りないくらいのほうが廃棄分や残在庫がないので収入も安定しますし、家畜を飼ううえでも励みになります。

ただ、足りなくなってきたから生産量を増やすというのは、手が届くうちはかまわないでしょうが、こだわりの部分を削ってしまうようなことになれば本末転倒です。

子牛は市に出荷すれば、経産牛（けいさんぎゅう）は肉屋に引き取ってもらえば、安くても完全に売ることはできます。しかし、自分で商品化すれば、当たり前ですが自力で売りきらねばなりません。自力で売るにしても、自分の種々のこだわりを前面に出しつつも、あまりそれが過ぎてうっとうしく思われてしまうと逆に敬遠されてしまいますので、そのへんのバランスが必要かと思います（写真4―1）。

❖最初はアイガモ肉から、店舗なしでスタート

わはは牧場でのお肉の販売はアイガモが最初でした。しかし、アイガモ処理場の経営が主で、農家さんにお肉をお返しするのが仕事だったので、わが家のお肉の販売は正直力を入れていませんでした。ですので、お肉の販売も1羽分のブロックのみ、宣伝もさほどしませんでした。

何より、販売する場所がなかったのです。処理場の通路の片隅に置いた業務用の冷凍庫のみでした。しばらくして、これではいかんということで、冷凍ショーケースを買いました。でも、置いている場所はあいかわらず処理場の横……。鉄骨むき出しの正直きれいとはいえない場所でした。またまたこれじゃいかんと木材で壁を張り、天井も張り、最初とは比べものにならないほどきれいな場所になりました。

しかし、その後ショックな事件（？）が起こります。看板を見て、安全な食材があるみたいだからのぞいてみようとお客さんがいらっしゃったのですが、場所を案内したところ、何か不安そうな態度にその方の心が読めました。「こんな場所で売っているなんて……」。結局ろくに商品を見ることもせずに

帰ってしまいました。それが発端となり、お店を建てよう！　ということになりました。

　ただ、皮肉なことに、「こういう場所だからこそうれしい」というお客さんもいたのです。あまりに商売っ気がないので、「この場所は俺しか知らない」とばかり、喜んで買い占めてくださる方もいました。ただ、そういう方は少数でしたが……。

写真4－1　イベントでコロッケを販売

在庫はあるときにあるだけ

　よく「数に限りがあります」という宣伝文句がありますが、わが家の場合は本当にそうなんです。「限定生産です」という宣伝文句もそのとおり。ただ、あまりこのような消費者心理をもてあそぶような言葉は好きではありません。「在庫限り」なら、まだ許せるでしょうか。

　わが家は自分で生産したものしか売りませんので、売れるからといって仕入れを増やすことはできません。また、急に家畜の数も増やせません。さかのぼれば、エサが確保できない以上は家畜も増やせませんので、あるときにあるだけというスタイルになります。ないものはないというほうが、こういう商品の場合は信頼につながります。

　ただ、在庫が少ないときは予約という形で取り置きするようにはしています。なので、豚肉の場合は今でも最大3頭先（約2カ月待ち）ということがありますし、カモ肉に関してはシーズンものなので最大半年ほど待っていただくことがあります。牛肉はタイミングが悪いと1年以上待ってもらわねばなりません。

何を食べて育ったかがわかること

　それでも、わははのお肉が欲しいからと待ってくれるお客さんがいらっしゃいます。ありがたいことです。

　わははのお肉じゃないと食べられないというお客さんもいらっしゃいます。これは好みの問題もありますが、それだけではありません。化学物質過敏症などで、食べるものがどうやって作られたか、何を食べて育ったかということがしっかりわからないと食べられないという方が、わははのお肉なら食べられたと喜んでくれます。

そういうこともあってわが家では、例外を作らないようにしています。たとえば、「無農薬栽培を売りにしているが農薬を使ったものもある」というようなことはしない。それより、これしかないというほうが看板に箔が付くはずです。これも小規模だからこそ、こだわることのできるひとつでしょう。

余談ですが、よく「鹿肉はヘルシーだ」という声を聞きませんか。たしかに脂身は少なく、赤身で体にいい食べもののように思えます。しかしこれは、鹿肉自体がヘルシーというより、シカが食べているものが自然のものばかりだからではないでしょうか。天然のシカは人工的な「飼料」を食べているわけではありません。原野に生える草や木の実などを食べているからこそ、ヘルシーな肉になっているのではないかと私は勝手に思っています。

わが家のお肉もそんなこだわりを持った大量生産できないものばかりですので、大量に買っていただくことのできる飲食店や業者さんへの販売は不向きです。食材を探し求めてきて、「あるときにあるだけでいいから」と言ってくるお店も増えてきました。しかし現実には、そういう話で落ち着いても、やはり空白期間があれば商売になりにくいようで、まとまった話になったことは数えるほどです。

❖意気を持ち続けるため安売りしない

またそういう業者関係の方は、「大量に買うから安くして」とか、「卸値はいくら?」と聞いてくるのですが、わが家では安くもできませんし、卸値の設定もありません。すでに商品として付けている値段が精一杯の価格です(表4―1)。

「うちの商品のことをわかってくださっている」と思って話を進めて、いよいよ価格の話になった途端、「それじゃ話になりません」と一蹴されることも多くありました。結局、うちの商品のことをわかってくださっていないのです。

お店まで出向いて買ってくださる方も、多少おまけをすることはあっても値引きは基本なしです。「あの人は安く買った」とか、「こないだは負けてくれたのに」とか、ずるずると負のスパイラルになりそうです。私たちは夫婦そろって気が弱いので(これは冗談ではありません)、ここは正直にしたほうがお客さんに対して公平ですし、

表４－１ わはは牧場の商品

種類	品名	内容量	価格（税別）
豚肉	ロース（トンカツ用）	量り売り	400円/100g
	ロース（スライス）	300g	1200円
	ヒレ（ブロック）	量り売り	400円/100g
	肩ロース（スライス）	300g	1200円
	モモ（スライス）	300g	900円
	トントロ（スライス）	200g	700円
	スペアリブ	500g	1750円
	豚足	２本	500円
	豚骨	量り売り	300円/1kg
	豚なんこつ	量り売り	220円/100g
	パラパラ脂（冬季限定）	200g	300円
	ミンチ	500g	1500円
	耳	２枚	500円
	しっぽ（予約のみ）	１本	200円
	鼻（予約のみ）	１個	100円
食肉加工品	ソーセージ	100g（３～４本）	600円
		200g（６～７本）	1200円
	ベーコン（スライス）	200g	1200円
	ベーコン（ブロック）	量り売り	550円/100g
	があぶうコロッケ	３個	550円
アイガモ肉・アイガモ加工品	カモ肉（ブロック）	量り売り	500円/100g
	カモ肉（スライス）	200g	1200円
	せせり（首肉）	100g	350円
	内臓の串	８本	500円
	ズリ（砂ずり）	100g	250円
	レバー（肝）・ハツ（心臓）ミックス	200g	500円
	ガラ（骨）	２個	400円
牛肉	サーロイン（ステーキ用）	量り売り	1200～2000円/100g
	肩ロース（スライス）	量り売り	1200～2000円/100g
	リブロース（ステーキ用）	量り売り	1200～2000円/100g
	ヒレ	量り売り	1200～2000円/100g
	モモ（焼肉用）	250g	800円～/100g
	モモ（スライス）	250g	800円～/100g
	バラ（スライス）	250g	800円～/100g
	ローストビーフ用ブロック	量り売り	800円～/100g
	煮込み用角切り	300g	1500円
	すじ	300g	750円
	ハラミ	量り売り	1000円～/100g
	サガリ	量り売り	1000円～/100g
	ホルモンミックス	500g	1500円
	ホルモンレバー	500g	1500円
	ミンチ	500g	2500円
	テール	１本	5000円
	タン	１本	7000円
ギフトセット	季節のお肉、加工品の詰め合わせ		3000円より応相談

注）価格は変更することもあります。最新の価格はホームページにて更新

気がラクです。

以前、常連のお客さんに「値引きしますから」と言ったらすごく怒られたことがあります。「ものがよいのだから正々堂々と売りなさい」と。また、元の値段を安く設定してしまうと、売っても励みになりません。また、いちばん大切な、〝生産しようとする意気をそいでしまう〟ことになりかねませんので、自分で納得できる値段を付けなければならないと思います。

ネットで日常を発信する

❖ホームページは作ってからが始まり

今や誰もが利用し、生活に欠かせないのがインターネットです。わが家もホームページを作成して情報発信しています（図4—1）。

ただ、よくいわれるように、これは「作ったからおしまい」ではなく、「作ってからが始まり」です。世界中にあふれるタイムラグのない情報に埋もれないように、こちらも日々新しい情報を発信しなければ意味がありません。日々進化するパソコンの性能についていくことも必要ですし、慣れるまではホームページの更新作業だけでもかなり時間を取られます。それでも、自分の力で世界を相手に情報を発信し、それに反応があったときはうれしいものです。時間をかけてマスターし、新しいものに慣れてスキルアップしていくことは、今後ますます重要なことなのかもしれません。

逆に、これをまったく利用しないというのもこれからの時代、わざとありかもしれません。わはは牧場のサイトも日々の仕事や生活などの発信はかかさずやっていますが、こと販売面に関しては旧式のまま。大手ショッピングのようなお手軽な「カート」ボタンがあるわけでもなく、カード決済ができるわけでもなく、商品名を自分で入力してもらわねばならない問い合わせフォームがあるだけです。最終的な確認は電話で連絡することが多かったり、ネット上で事が片付くという場面は少ないのですが、直接電話で話すことでおすすめ商品の案内もできますし、近況報告など雑談も長いつきあいをはじめるきっかけにもなります。

ホームページ > ショッピング（商品一覧）

商品ラインナップ

牛肉
豚肉
アイガモ肉
食肉加工製品
農産物
そのほか

お問い合わせ

わはは牧場の商品紹介です。いずれも数量限定です。（2017年４月現在の情報です）

（価格は全て税別となっております。）

税別10,000円以上のお買い物で送料無料となります。（詳しくはページ最後をご確認ください）

・お願い・

わはは牧場では、ゴミ削減と資源節約、そしてなにより使いやすいようにお肉はすべて真空パックの冷凍でのお届けとなります。
（未開封の袋のまま水かお湯につけていただくと早く解凍でき便利です）

また色も部位によって違ってきますがお肉そのものの色です。また、トレーに並べたりしていないため見栄えはあまりよくありませんが、
中身に嘘はございません。

発送に使うダンボール箱なども近所のスーパーから調達したものを利用しできるだけリユースし、梱包資材も必要最小限の省資源化を目指しています。ご理解のほどよろしくお願いいたします。（ギフト商品は化粧箱に入れております）

豚　肉《養父市ブランド認証品　No.3》

しばらくの間、ネットでの販売はご予約のみ受け付けいたします。ご了承ください。
（数頭先の豚のお肉になる場合もあります）

フォーム、お電話、FAXでもOKです。

在庫がある分は店頭販売しております。ぜひご来店くださいませ。

餌からこだわった、年間わずか８～９頭しか育てない、幻の豚です。

（飼育方法、餌などはこちらをご覧ください。詳しく紹介しています）

図４－１　わはは牧場のホームページ

13年間休まずブログで発信

ホームページでは牧場の写真や概要などを紹介していますが、メインとなるのは日々の生活を紹介するブログ「とうちゃんのにっき」です。これは２００４年12月から書き始め、13年目に入りました。

数日分をまとめて書くこともありますが、その日にあった出来事を仕事・プライベートと分け隔てなく書いています。時には思い違いや今読めば恥ずかしいような世間知らずなことも書いていますが、ま、その時はそう思っていたということで……。

最初は、農業日記のデジタル版といえばかっこいいですが、検索のできる備忘録だったのです。それ以前も10年くらい鉛筆で書く日記は続けていたのですが、年に1回しかしない農作業が多く「いつ頃何をやったか」ということを、パソコンの検索なら一発で探し出せるのが便利かなと思って始めました。しかし、結果的にそういう検索は数少なく、しだいに家族のことやどうでもいいようなネタが幅をきかせてきて現在に至ります。

ブログのページがなくても、今や数多くあるSNS（ソーシャルネットワークサービス）だけでも発信はできますし、私もいろいろとやってきましたが、今や残っているSNSはフェイスブックだけです。それもブログの更新のお知らせ程度、お店をオープンさせてからはお客さんとやり取りをすることも多くなりましたが、どのSNSでもつながるユーザーは同じだったりするので、どれか自分のスタイルに合ったものがあれば、手広くあれもこれもする必要もないかと思います。

今はスマートフォンなどで写真を撮り、その場でネット上にアップすることもできますが、過度な情報アップは逆に効果薄となる場合があるので、やりすぎは禁物だと思っています。

カモ肉と鍋つゆをカモ鍋セットで

最初は本気で売っていなかったカモ肉ですが（写真4―2）、カモ鍋セットとして販売したら、今や人気商品になってしまいました。毎年秋から冬にかけて、約100セットを完売します。やはり、「他にない」というのが強みでしょうか。今まであまりおいしくないカモ肉を食べて、それがカモの味と思っていらっしゃる方が多く、「おいしいですよ」といっても、なかなか信じてもらえなかったのですが、今ではリピーター続出です。養父（やぶ）市の地域ブランドの認証も受け、ふるさと納税の返礼品にも選ばれて喜ばれています。やはりおいしいものは売れます。

❖肉は塊ではなくスライスで売る

カモ肉は最初、ムネ、モモ、ササミと解体した塊をまとめて袋に入れ、パックしたものだけを売っていました。

「どうやって食べるの？」と聞かれ、「スライスしてお召し上がりください」としか言いようがありませんでした。

　しかし、このままでは売るほうも売りづらいし、買うほうも手間だし手が出しにくい。ということで、売り始めた翌年にスライサーとミンチマシンを購入しました（どちらもネットオークションで３万円くらい）。一気にお肉屋さんらしくなった瞬間です。その道具でスライスしてパック詰めし、さらに鍋つゆとセットにしたところ、手軽に食べられると評判になって、それ以降好評を博しています。

写真４－２　カモ鍋セット（ネギは別）

　カモ肉は鶏肉とは逆で、胸肉のほうは〝胸ロース〟と呼ばれるほど軟かく食べやすくて評判もよく、価格も高めに設定できますが、モモ肉の評判は硬いせいか芳しくありません。歯ごたえがあっておいしいのですが……。分けて売るとモモ肉だけ売れ残ってしまうので、わが家では分けずにササミも入れた１羽分をまるごとスライスするようにしています。

　お肉が自慢できる商品になっているので、鍋つゆのほうもオリジナリティを出したいと思い、市内の醸造所でわはは牧場オリジナルの鍋つゆを作っていただきました。厳選した素材で作っている昔ながらの醤油屋さんで、鍋つゆにはお隣の豊岡市産の小麦など地元原料を使用してもらい、商品開発では一緒に味見もし、作り上げていきました。さすがに醤油の醸造までは自力ではできませんでした……。

❖お客さんに合わせて中身を増減

　アイガモ肉の販売は、その鍋つゆとあわせたギフトセットが好評です。お客さんの予算もありますので、それに応じて商品の量や組み合わせなどを変えています。

　カモのスライスはちょうど鍋に使いやすい２００ｇパックのみですが、豚肉などは用途もさまざまですので、１パックの内容量を変えることがあります。やはり使いやすい量で提供したいですし、食べきれずムダになるならそれももったいない。ちょっとした柔軟性で食品ロスを減らすことができるのなら、少々の手間は惜しみません。

自前のお店を持つ

2016年にようやく販売店舗が完成しました（写真4―3～写真4―5）。最初はショーケースを置いて、お肉を売るだけのつもりでしたが、あれもこれもと欲張ってしまい、最後には飲食店ということになってしまいました。基本はお肉屋ですが、その場でこのわはは牧場のおいしさを体験できる場になればと思っています。名前は、「わはは牧場 shop & cafe があぶう」です。コロッケのネーミングをそのまま屋号としました。

❖肉を売る店が欲しくて

あまりきれいでない場所で肉を売り始め、そそくさとお客さんに帰られてしまった話は前に書きました。処理場とは別にお店がほしいなとは常日頃から思っていましたが、この時のお客さんに背中を押されました。お店を建てよう！ と。

どんなのがいいかな？ あまり広くなくてもええな、肉屋らしくないおしゃれな空間にして店内に木が生えていたらおもしろいだろうなぁ、駐車場のど真ん中に実の成る木を植えたいななど、妄想は膨らみました。そこで、敷地内で収まる範囲で自力で作れそうなサイズを検討し、4m×5mの広さとしました。そして高さは平屋なのに5m！ 住んでいる家が古い建物で天井と鴨居が低いので、狭くても上向きに開放的なものが作りたかったのです。

❖基礎は肝心、その上の構造物は創造物

しかしイメージはあっても図面はありませんでした。基礎は肝心なので、その部分の鉄骨のサイズだけはきっちりと計算して厳密に水平レベルを取りましたが、その上の構造物は、絵でいえばフリーハンド、創作物といってもいいかもしれません。そこにある部品を使い、現物合わせで作っていきました。

ドアは気に入ったアンティークな一点ものがあったので、どうしてもそれを使いたくて先に手に入れ、それに合わせて枠を作り、玄関の位置を決めました。先に設計したら、そのサイズに合うものしか使えません。

他にも、日常使う家具や器などの什器（じゅうき）や内装の資材なども、雑貨屋さんやリサイクルショップなどで気に入った

写真４－３　お肉を売るお店の外観

写真４－４　お店の内部

写真４－５　お店のロフト

ものを探して、それに合わせるようにして作っていきました。

　いちおう念のために言っておきますが、天井の強度と梁の部分は、自力で構造計算したうえで必要な強度以上のもので作っています。

　というわけで、お店の材料は、見えないところに使う木材や鉄材は近場のホームセンターなどで手に入れたものが多いですが、目に付くもの、実際に触れるものなどは徹底的に気に入ったものを探し出しました。

❖時間をかけてみんなで作る

　さて、そんな勢いで作ったお店、計画から完成までなんと6年もかかってしまいました。「やはりさっさと業者にお願いして6年前にオープンしていたほうがよかったのかな?」とも思いましたが、いえいえ、そうではない。

牛舎の建築も新規の計画から引越しまで7年はかかっています（47ページ）。時間がかかるけれど、こういうふうにみんなで作っていく過程が仕事であり生活でもあるのです。これこそがわはは牧場なんです。

かかる費用も、工期を区切って施工させると、一気にまとまったお金を支払わねばなりません。わが家の場合は、長時間かけて作っているので、まとまったお金が必要となることはありませんでした。毎回の買い出しは小遣いの範囲くらいですんでいます。よって、お店のために借金をしたかといわれれば、答えはノーです。積み立てもしませんでした。

❖狭くて小さいお店を地域の拠点に

とはいえ、ただ売るだけの施設でしたら、もっと簡単に作っていたはずです。もともとは、トタン屋根の、ただ肉を売るだけの簡易な倉庫程度の予定でした。考えていたら、どんどんあれもこれも、と……。私たちの悪いクセですね。

ちなみに、販売所だけならトイレは不要ですが、飲食店では必須です。しかし、これも最初は考えていなかったので、狭い店内に設置することができず、すぐ隣の既存の倉庫を改造して作りました。せっかくなので、みんながきれいにゆっくりと使ってもらえるようにと、約3畳のスペースを取りました。ねらいどおり、「広すぎて落ち着かない！」「住めるトイレ！」と、大好評です。

完成したお店は、今は週末喫茶として毎週金曜土曜のみ営業しています。もちろんお肉屋さんですので、お肉だけ買いにこられるお客さんもいらっしゃいます。日々の農作業もあるし、日曜は子どもといっしょにいたい。そういうバランスで決めたのがこの曜日です。毎日営業しているわけではないので、あいた日には、いろんなイベントの拠点として使うことがあり、これも楽しみのうちとなっています。婚活パーティーや食育体験や職業体験の場、ワークショップの会場として利用されています。

狭くて小さいお店ですが、地域の人が集う場所になり、ここが拠点となるようなおもしろいことが今後もっと展開できればいいなと思っています。

第5章● 小さい畜産の考え方

できるだけ自分でやる、時間をかける

❖これが畜産の最前線

今まで紹介してきたように、わが家は小さな農家です。いろんな家畜がいる意味では小規模ではないかもしれませんが、それぞれの規模は昔でいう「庭先養鶏（にわさきようけい）」程度でしょうか。しかし、決して昔に戻ったわけではなく、逆にこれが畜産の〝最前線〟ではないかと勝手に思っています。

❖モノを壊すことが好きだった

私は小さい頃からモノを作るというより、壊すことが大好きでした。粗大ゴミの日になれば、一輪車を押して収集場所を巡ったものです。しかし今となれば、そのモノを壊した経験のおかげでそのモノの中身を知ることができ、逆に作るということも得意になったんだと思います。

そんな私の家族はなんでも手作りです。妻もデザインやイラストを書くことを仕事にしていたので、それぞれの得意分野を活かしてできる限りのことを自力でやります。30頭規模の牛舎も自分で建てました。井戸も自分で掘りました。前述のアイガモ処理場は父といっしょに作りました。お肉を真空パックする真空包装機も3年がかりで、一から作り上げました。そして、２０１６年に6年かかってようやく完成したのがお肉の販売店舗兼カフェです。パンフレットの絵や看板のデザインは妻が考えて作りました。

❖時間をかけて作り上げていく楽しみ

じつは、今住んでいるところは、祖父が牛飼いをしていた牛舎です。移転して物置になっていた古い牛舎をリフォームして部屋を作りました（写真5―1）。家族みんなでどんな間取りにしようか、自分たちの部屋をどんなふうにするかを話し合い、みんなで手伝いながら約2年かけて作り上げた家は、家族団らんの場所となっています。

作っているときは楽しいのでそう思わないのですが、あ

写真５－１　牛舎をリフォームして作った自宅の内装

まりに時間がかかるので、「さっさと業者に頼むなり既製品を買うなりしてすぐに稼動したほうが儲かるのでは？」と人に言われることも多いのですが、ひとつひとつを作り上げていく楽しみはかけがえのないものです。

また、使い勝手の悪いところなどは途中で変更したり、実際に動線を見ながら作ったりするのでかえってムダがありません。建物などは余分なところにお金をかけないことで好きな素材やよい材料をふんだんに使うことができ、他にないわが家オリジナルのものができあがるのは、これ以上ない満足感です。

❖自分でやれば、とにかく安くつく

自分でやれば、とにかく安くつきます。建築関係では経費の約半分かそれ以上が人件費といわれています。それが浮くとなれば費用が約半分で抑えられるということです。わが家ではそういった分を見込んで、使う材料で迷ったら上級のものを選ぶようにしました。結果、低予算で気に入ったものができあがります。そういうものは愛着が持てます。

何ごとも、最初からすべて完璧にやろうとするとお金もかかり借金もせねばならんのではと思います。

❖補助金に頼らない

そんなわははは牧場も借金はしてきましたが、補助金には積極的ではありません。

最初に牛を増やしたときに約700万円、数年後に牛舎建築に約1000万円、また数年後にサイロの建築に500万円ほど借金をしました（地下タイプのサイロですが、その後ラップサイレージにしたので今は使っていません）。そして、すべての返済が終わってから、新たに土地を購入するのに700万円借りていて、これは今も返済中です。

今まで3000万円近くの借金をしてきましたが、これらは「農業近代化資金（のうぎょうきんだいかしきん）」などと呼ばれる政策金融公庫のものが主です。利子補給があり、実質無利子で借りられるものですが、認定農業者になるなどの条件があります。今では農業を始めようとする人向けに、さまざまな低利の資金が用意されているので、比較的ラクに調達できるはずです。

いっぽう、補助金は借金でなく補助していただける＝もらえるお金なのですが、制約が多いのが難点です。たとえば、機材を購入するのに、条件として新品を購入しなければならないとか、指定の店で買わねばならないとかいったことが多かったです。補助金は種類もたくさんあり、一概にはいえませんが、購入額の半分くらい補助が出るものが多いと思います。

わが家は「格安のものを買って直して使う」というパターンが多いので、新品を購入して半額補助してもらうよりも、中古のほうがずいぶん安かったりするのです。結局用意しなければならない自己資金分より安く買えることになり、補助してもらえないか、その必要がないとなってしまいます。

また補助金は事務的な手続きがやっかいなものも多く、農繁期と重なれば忙しくてそれどころじゃない、というケースもあります。

地域で物々交換

さて、わが家は小さな循環型の農業をめざして、取り組めるところから実践しています。循環といえば環境のことばかり頭に浮かぶところですが、それだけではありません。暮らしていく中にもそれは活かされています。

今でもご近所さんが余ったお野菜を分けてくださり、お礼に他のものを持っていくということがあります。その発展系という感じで、友人の養鶏農家からは卵、パン屋さんからパンの詰め合わせなどをいただき、わが家の豚肉などと交換しています。

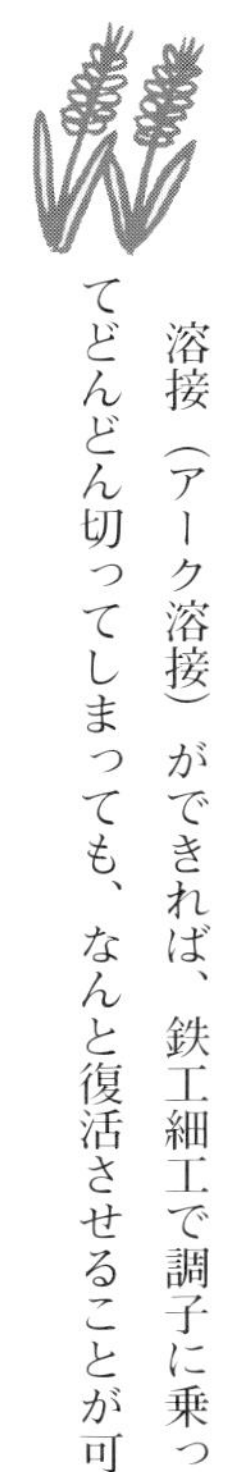

交換するモノや量は値段を考えて判断していますが、やり取りにお金というものは介在しません。

また、食べものではありませんが、イベントなどでコロッケを販売した後に残る廃油は業者に引き取ってもらい、バイオディーゼル燃料に生まれ変わって、わが家のディーゼルエンジンに使われています。

❖日曜大工より日曜鉄工

ＤＩＹといえば定番は木工細工、大工仕事でしょうか。誰でも取っつきやすい分野だと思います。切る、つなぐといった作業が簡単な道具でできますし、材料の入手もラクです。しかし、私は木工より鉄工作業のほうが好きだし、得意です（写真５―２）。溶接の技だけマスターすれば、そう難しいものではありません。木工より重量はありますが、強度を出すのも比較的簡単です。今はホームセンターで切断機やグラインダーは簡単に手に入ります。切ることに関しては木工とさほど変わらないレベル、敷居の低さになってきているのではないでしょうか。

溶接（アーク溶接）ができれば、鉄工細工で調子に乗ってどんどん切ってしまっても、なんと復活させることが可能です。溶接してつなげればいいのです。厳密に言えば強度も落ちるし、見た目もちょっと不細工になりますけれど、一度切ったら元に戻せない木工と違って融通がききます。私が鉄工のほうがいいなと思うのはじつはここなんです。なんせ設計図なしで切り刻みますから、気が付けば切りすぎた！　ということがよくあって……。いやいや、それもあるけれど、何より算数苦手なワタクシですので、計算できないと言ったほうが正解かも……。

なお、くっつけるほうはアーク溶接ですが、太い鉄鋼を切ったり、大きな鉄板から形をくり抜いたりするにはガス

写真５－２　溶接作業をしているところ

切断ができると便利。これも機材の入手は難しくありません。しかし、これには、「ガス溶接技能講習」を受けることが必要です。2日間の受講でOKです。

持ってると便利な第2種電気工事士の資格

鉄工と同様に、自分でできるといいのが電気工事。お店を建てるにあたり、徹底的に配線を隠した「きれいな構造」にしたかったのと、ライトのスイッチの構造をよくあるシーソータイプではなくリモコンタイプ（遠隔地でオンオフできる）にしたかったのもあり、自分でやるしかないなと思い、第2種電気工事士の資格を取りました。

受験資格はありません。学科試験と実技試験がありますが、学科試験は過去問題を勉強すればいいし、実技試験は事前に問題が発表されるのでマスターするのはさほど難しくありません。

これを持っていると、家庭でのコンセントの取り替えや、配線が必要な照明器具などの工事ができるので重宝します。電気工事に関しては、「私有地なら自動車の運転も可能」ということと同じだろうと考えて、「自家用なので無資格でもいい」というわけにはいきません。自家用の工事だからといっても、感電や漏電の事故によって付近のインフラを破壊しかねないので、くれぐれもご注意ください。

必要な農機具、不要な農機具

大きなトラクタへのあこがれ

農業の中でも特に畜産は大きな機械が必要になってきます。わが家でも一通りそろえていますが、牛の頭数が減ってきたことによって不要になってきた機械もあります。また逆に牧草をつくるには必要な機械もありますが、いずれも年間にしたら稼働率の低いものばかりです。その割に高価！　また稼働率が低いからこそのトラブルもあるので上手に付き合わねばと思います。

といっても、メカ好きでクルマ好きな私は、大きなトラクタへのあこがれがないといったら嘘になります。デカいトラクタを乗り回したいなぁ。あ、でも、どこで乗るんでしょう？　1枚20ａほどの田んぼしかないのに。

❖2ｔダンプは牛飼いに必要か？

私が畜産を始めて、多頭飼育（たとうしいく）をめざしたときに最初に買ったのが2ｔダンプでした。借金して新車を買いました。20頭近くの牛を飼うには必要なものでしたが、だんだんと頭数が減っていくと、利用する頻度も減ってきました。クルマなのに動かさないことが多くなってきたのです。

そうすると、まず何が起こるか？　そう、バッテリー上がりです。特に冬場は何カ月もまったく使わないときがあり、いざ動かそうと思ったら動かない。一度放電してしまうと完全復活することのないバッテリーは、充電してもすぐに上がるようになり、新車なのにわずか半年ほどでバッテリーを交換するハメになりました。24Ｖで2個積んでいるので、格安品を探しても費用は約3万円です。

そして、次に痛いのが車検です。2ｔダンプは毎年車検が必要です。安くすませても、毎年10万円はかかります。タイヤも6本です。スタッドレスも必要です。冬に乗らないからといって、ノーマルタイヤではちょっと動かすにも空荷ではそれこそ一歩も動きません。

燃費も自家用車ほどよくないし、軽油といっても昔ほど安くはないので、割安感はありませんでした。

❖絶対に必要な時をシミュレーションしてみた

一度所有した道具を手放すというのは、案外勇気がいるものです。私もどうしようか相当悩みました。そこで2ｔダンプが絶対に必要な時はいつか、シミュレーションしてみることにしました。

▼**牛市**……市場まで自分で牛を運ばなくても、農協が人員付きで運んでくれる。

▼**堆肥**……自分の畑に散布すればすむので、地域の堆肥センターへ運ぶ必要はない。

▼**おがくず（牛舎の敷料）**……知り合いの大工さんが持ってきてくれる。

▼**長尺ものの買い物**……鉄骨が必要となる店も完成したの

で、もう買わないかも？　買うにしても配達してくれるし。ん？　ということは、必要な時はないではないか。もし、どうしても必要ならレンタカーが1日1万円で借りられます。

ということで、2tダンプを手放しました。年に20万円近くは浮いたと思います。その時に、たぶん月に一度くらいのペースでレンタカーを借りるかなと思っていましたが、結局、手放してから今までの3年間で借りたのは3回だけ。年に1回ほどしか必要ではなかったのです。

❖必須なのは軽トラ

その分、軽トラは必須です。わが家には2台あります。それでも維持費は安いです。タイヤを交換しても4本2万円でおつりがきます。車検も保険も税金も安い。エンジンが壊れても直せますし。ちなみに、メンテナンスがラクなように、2台は同じ頃の年式の同形式のものです。田んぼに入れるように四駆は必須です。

❖牧草用機械はもらう

ラクに農業をするには機械を利用するのがいちばんです。よく農作業で、元気そうなおじさんがトラクタに乗って、奥さんは鍬（くわ）などで手作業しているという姿を見ますが、これってじつはトラクタに乗ってるおじさんがいちばんラクしてますよね。女性には危険だとか、壊されるから自分しか使わないなんて言っているけれど、じつはラクをしたいだけ。本音はそうじゃないかな。

なので、機械は、いくら規模が小さくなっても農業には必要だと思います。超大規模になれば、今後ＩｏＴ(Internet of Things)化、自動化が進み人間不要になりそうですが。

大規模な畜産農家では、今では輸入飼料が当たり前になってきており、牧草をつくることが少なくなってきているようです。少なくともこの近辺ではそうです。この背景には、輸入飼料の価格低下ももちろんですが、牧草をつくることが年々難しくなってきたこともあげられます。シカやイノシシなどの野生動物が侵入し、せっかくつくった牧草を荒されてしまうことが増えて、その対策にまで手が回らない。また規模が大きくなると、いくら機械化が進んで

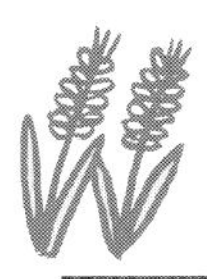

写真５－３　大規模畜産農家からもらったモア

も手間はかかるので、もうやめてしまおうという流れでしょうか。

なので、牧草用機械を使わなくなったというところがあれば、格安でゆずってもらいましょう（写真５―３）。もし動かない場合でも、たいがいはグリスアップ（注油）とベルト交換で直ります。頑丈なものなので、そうそう壊れはしません。そして新品を1台買うより、いざというときのために中古を複数台持つ。トラブル発生で農作業が中断したとき、そこで修理をするより、とりあえずスペアでしのぐことが先決です。そういうときにあわてないように、また、自力で修理ができるように、お金と時間をかけて工業とか機械の勉強をするのも、トータルで考えた場合、得をすることになるのではないかと思います。

知り合いの農業経営者が、社員を雇うのに「農業系より工業系の学校を出た者のほうがいい」と言っていたのを聞いて納得した覚えがあります。

❖農機はネットオークションで買う

お肉のところにも書いたように、いろんなものを買いそろえるのにネットオークションを利用することが多くなりました。これは農機類でもそうです。手に負えない修理の場合、また、たとえ直せるとしても部品の調達などで農機屋さんにお世話になることもあるのですが、やはり初期投資を安くしたいのは誰もが思うところでしょう。

だいたいが安く出品されているネットオークションですが、それでも事前の市場調査は必須です。部品などは値段がわかりにくいのでなおさらです。出品されている時点で中古なのに新品より高かった、ということもたまにありまます。中古相場とオークションの落札相場とはまた違うので、急がないものなら出品物をチェックし、落札相場を調べることも重要かと思います。

❖安く落札するならシーズンオフがねらいめ

安く落札するコツがあります。これを書いてしまうとライバルが増えて安く落札できなくなってしまうのですが(競争相手が1人いるだけで値が上がる)、農機の場合、使うシーズンがはっきりしているので、シーズンオフがねらいめです。

田植え機なら夏以降に、コンバインなら冬の間に探します。ただ、日本は狭いようで広いので、シーズンオフといっても使用時期に差が出ます。そのあたりも考えて、出品者の地域を確認しながら探すとおもしろいです。ただ、遠方なら送料も重要です。わが家の場合、遠方の方なら引き取りを前提に、その近くに観光地があるかなど調べ上げることも多々あります。観光がてら引き取りに行けます。

わが家の場合、トラクタを2台ともネットオークションで手に入れました。1台は通常の入札で落としましたが、約5年後に手に入れたもう1台は案外近場だったので下見をしに行ったときに交渉しました。実物を見に行くとなると足元を見られがちですが、そこは強気で交渉し、オプションを付けてもらったり、通常は配送料別途のところ無料で納車してもらったりと、お互い納得のいく価格で成立させることができました。

ただ、たまに「オークションで入手したものはアフターサポートをいっさいしない」というメーカーもあります。以前に電子機器を入手した後、自前で直せずにメーカーに修理をお願いしたところ、そう言われて断られました。わが家がお世話になっている農機は、メーカーでの修理も快く受けていただいていますが、農機販売店によってはそういう対応をされることがあるかもしれません。

「農業こそビジネスチャンス」は本当か

❖生活できるだけの収入が得られればいいじゃないか

私も就農当初はビジネスとして大規模化をめざし、繁殖和牛飼育一本で行くつもりでした。それがビジネスにならないからやめたというわけではありません。多頭飼育や大規模経営を否定するつもりもまったくありません。ただ、そうではなくても生活できるだけの収入が得られればいいじゃないか、それで楽しく暮らすことはできるはずと思うようになりました。

同じ農業でも、自分が食べるものを自分でつくる「暮らしの延長としての農業」は、忙しさが楽しさとつながっています。お金になるものをつくる「金儲けのビジネスとしての農業」とはまったく方向性が違うけれども、なんとかやっていけるということがわかってきました。

今や、何もかもを貨幣価値に換算するのが当たり前となりました。たしかにお金はなくては暮らしていけません。しかし、一見ムダに思えることにこそ、楽しく暮らしていくひとつのキモがあると私は思います。わが家でいうと６年もかけてお店作りをしたり、極論をいうと牛飼いが牧草をつくったりすることもそうかもしれません。いや、畜種を増やした小規模経営こそ、お金儲けになりそうにない、「そんな（ムダな）ことをして何の得になる?」というようなことかもしれませんね。

そういうことは仕事だけでなく人間が暮らしていくことにも当てはまり、何もかもが経済効率一辺倒なのは正直息が詰まります。

❖農業参入した企業は農地を守れるか

２０１４年、私の住む兵庫県養父(やぶ)市が農業分野の国家戦略(こっかせんりゃく)特区(とっく)になりました。「農業分野の特区」ということで、今現在農業でがんばっている市民に恩恵のある政策かと思っていましたが、実際はそうではなく、「企業が農業参入しやすくなった」というだけのものでした。

これは、ひと昔前に田舎で流行った企業誘致となんら変わりません。機械部品を作る工場が野菜をつくるようになっただけです。それで雇用が増えれば地元として経済的にも潤うでしょうが、雇われている者としては、そこに就農意識はないでしょう。言われたことにしたがって淡々と働くだけ。自分で創意工夫をして、自然を相手に、いや自然とともにして暮らしていくという、いちばんおいしいところがない。そういうところが農業のおもしろみのひとつなんですけどね。

また、企業なので営利が第一になるでしょう。となれば、山間地域でまとまった面積を耕作するのも手がかかります（わが家でも最遠方の農地間で15km離れている）。その1枚の面積も少なく、収穫物を売りに都市部に出るのも都市近郊と呼べるほど近くはない。何より山陰地方で冬の間は何もできず、その間の雇用もしなければならないとなったら、なかなか大変ではないかと思うのです。企業が農地を所有したはいいが、そのままそれがまた耕作放棄地になることのないよう祈ります。

◆小さな農家を増やすほうが元気な村ができる

それよりも、わが家のように、小さくても農業をしながら暮らしていける人たちを増やしたほうが、長い目で見たときに町や村も豊かになるのではないでしょうか。

小規模でいろんなことをやるというスタイルは、昔の百姓の生活に近いように思います。といっても、昔に戻れといっているわけではありません。農業だけでなく、すべてのことで専業化が進んできました。そうなると、自分の専門以外はやらなくていいようになってしまいました。しかし、それでは私は満足しませんでした。いろんなことを考えて、いろんなことをやってみたい。これは昔から常々思っていたことです。それは農業に対する原点回帰かもしれません。

自分のやりたいことが小さいからこそやれる。食べたいものをつくることができる。仕事だけでなく趣味も含めて生活を楽しめる。だから楽しい。地域の中に、そういう意味で生きることに余裕のある農家が増えれば、無理に「がんばろう！」なんて言わなくても、元気な村ができるはずです。そう思いませんか？

❖農家の強みは お金がなくても生きていけること

お金はそんなに儲けられないとしても、だからといって生活が苦しいわけではありません。田舎ゆえに必要なものもありますが、何より自給できるものが多いです。

幸いわが家は、代々の持ち家で田んぼも山も所有しており、固定資産税を払うにしても家賃は不要。これだけでも都会に住むより安上がりでも駐車場代は不要。クルマは必須りのうえ、米や野菜をつくり、多種の家畜がいてお肉の自給もできて、食費はほとんどかかりません。買わねばならないのは魚だけです。

そんな私たちの生活を見て、いっしょに暮らしたいと、若い女性が２０１６年秋に東京から単身移住してこられました。

正直、雇用者を受け入れる余裕はなかったのですが、この際だからと、新規部門としてやりたかったけれども一歩を踏み出すきっかけがなかった養鶏や乳牛の飼育を計画中です。養鶏は１００羽ほど、乳牛は１頭だけという、これも小規模ですが、わが家にとっては大規模な展開でしょうか。ここまでできれば、食べものに関しては理想の形になります。

そのあとはヒツジかな。毛を刈って羊毛やフェルトを作り、それで着るものまで作ることができれば、自給自足の生活にこれまた一歩近づくことができます。規模拡大といっても、基本は自分たちの手でできる範囲内でやることを増やしていく。やることが増えれば、今までやってきたことを縮小することもやぶさかではありません。小さい農家の経営は、勝ち負けで判断できません。また、ライバルもいません。

今はこのような規模の農畜産業で満足していますが、繁殖和牛一本でやろうと思っていた頃、じつは法人化も検討していました。やはり、一国一城の主になりたいという男の野望や願望、見栄、代表取締役という肩書きにあこがれもあったと思います。というか、メリットはそれしか考えなかったかも。冷静に考えると、法人化のメリットはわが家の規模、将来設計ではまったくありませんでした。

命をいただいていることを伝える

❖家畜がお肉になることがつながらない人がいる

家畜がお肉になるという、当たり前のことがつながらない人がいます。わが家にはいろんな動物（家畜）がいて、それをお肉にする現場でもあります。命が奪われ、残酷な仕事ではありますが、これは人間が生きていくうえで必要なことです。残念ながらそういう現場は現実から遠ざけられているのが現実です。

わが家のアイガモ処理場の前の道路は、子どもの通学路でもありました。集団登校で子どもたちがその道を通るのですが、ふとある日に気が付きました。処理場の前だけをダッシュで走って通るのです。朝、そこには生きたカモがいて、夕方の下校時にはむしられた毛と、何が入っているのかわからない大きなバケツが置いてある。そんな現場は子どもたちにとってショックだったのです。これではいかん。うちの子が小学校に入った頃だったので、これはひょっとしていじめの原因にならないだろうかと心底心配しました（親に似て子も気が弱い）。

❖これはきっと閉鎖的なところがいかんのだ

歴史的な背景を見ても、屠場（とじょう）とか肉屋さんというのはあまりいいイメージがありません。みんなが食べるものなのに、どうしてそんな扱いを受けなければいけないのか。これはきっと閉鎖的なところがいかんのだ、と思うようになりました。屠場などの施設を見学することは、今までの学校生活の中でも話題にならなかったことのひとつではないでしょうか。それとも、わざと避けていたのでしょうか？　他の工場などは見学されることが多いのに。このままでは家畜とお肉がつながらなくなってしまいます。

❖牧場見学、アイガモ解体体験、出張授業

そこでわはは牧場では、地元の小学生低学年に牧場見学をしてもらうことを始めました（写真5―4、写真5―5）。そして、高学年にはアイガモをさばいて食べるという実習をします。このプログラムはもう9年間続いています。

小学生には食育という話は難しいので、ここは実際に家畜を見て触って体温を感じてもらうだけで十分です。話は「これがみんなの好きなハンバーグやすき焼き、トンカツになるんやで」ということくらい。子どもたちは普段目にすることのない動物を見るだけで、はしゃぎまわっています。

それともう1点、「これらはペットじゃなくて、食べるために飼っているんだよ」ということ。ちょうど子どもたちに来てもらうのは生まれたての牛やカモのヒナがいるときにしていて、とにかく「かわいい」ものばかりなので、その意味がわかっているかどうかは謎ですが。

高学年には自分たちで料理して食べてもらいます。さす

写真5－4　アイガモたちを見学する子どもたち

写真5－5　豚と触れ合う子どもたち

がに首を切るところからは双方つらいので、あらかじめ血を抜いて毛をむしった「マル」と呼ばれる状態のものを学校へ持っていき、調理室をお借りして実習します。はじめは気持ち悪いと言っている子どもたちも、さばかれ、骨が抜かれ、お肉になっていくと「おいしそう」という声に変わります。高学年なので、「動物の命をいただいて今の自分たちが生きている」というお話も納得して聞いてもらえます。ただ、どうしても生理的に受け付けられない子がいるのも事実で、そういう子には無理強いしないことも大切です。あまりに押し付けるとトラウマになって逆効果です。

そういう体験をした後は、「好き嫌いをしなくなった」とか、「今まで食べられなかったけれど食べた」とか、「いただきますの意味がわかった」などなどの感想が聞かれ、好評です。

また、わはは牧場が堆肥などを狭い自分の農場内で循環させていることが環境教育にも役立つということで、そのようなお話をさせていただくこともあります。父が米だけでなく無農薬栽培を始めたのは、「川の上流で汚染させてしまえば下流できれいな川になるわけがない」という、あまりにまっとうな考えからでもあります。

❖どんなお医者さんでもできないこと

先に医療関係の仕事に就きたかったと書きました。最初に書いたように私は幼少の頃から体が弱く、生まれたときにあと数分遅れていたら死んでいたというような状態だったそうです。小学校を上がる頃までは母に連れられて医者に行くことが多く、お医者さんになりたいなとその頃は思っていましたが、思いはあっても頭の出来は決してよくなくて、とても医者になることはできませんでした。

人間誰しも食べなければ生きていけません。私は今、その体のもととなる食べものをつくっています。それらは、自信を持って食べることができるものばかり。今はそういう食生活のおかげもあり、幼少の頃の病弱が嘘のように元気に過ごせています。

そう思えば、これはどんなお医者さんでも果たせなかったこと、いや、それ以上のことができていると信じています。そして、元気な家族といろんな動物たちに囲まれて、小さい畜産がこんなに生活を豊かにしてくれたんだと、忙しいながらも楽しくうれしい毎日を過ごしています。

著者略歴

上垣　康成（うえがき やすなり）

1965年兵庫県養父市（旧大屋町）生まれ。

高校卒業後、歯科技工士の資格をとり、大学病院に在籍。

1989年、祖父の繁殖和牛と水田経営を引き継ぐ形で新規就農。途中、高校で情報の講師として数年勤務。

2004年、父親が経営するアイガモ処理場を引き継ぐ。

以降、もろもろ始めて現在に至る。

現在、繁殖和牛10頭、経産牛の肥育年間約1頭、豚の肥育年間約10頭、アイガモ稲作約50a、牧草3ha。アイガモと豚、牛を自ら精肉加工販売する。アイガモの委託処理は年間5000羽。「育てて、さばいて、食べる」という飼料自給から自家消費まで一貫することにこだわり、暮らしを楽しむ農業を実践中。

イラスト：上垣美由紀（一部を除く）

小さい畜産で稼ぐコツ
少頭多畜・加工でダントツの利益率！

2017年12月5日　第1刷発行
2018年2月10日　第2刷発行

著者　上垣　康成

発行所　一般社団法人　農山漁村文化協会
〒107-8668　東京都港区赤坂7丁目6－1
電話　03(3585)1141（代表）　03(3585)1147（編集）
FAX　03(3585)3668　振替　00120-3-144478
URL　http://www.ruralnet.or.jp/

ISBN978-4-540-17129-1　DTP製作／㈱農文協プロダクション
〈検印廃止〉　印刷・製本／凸版印刷㈱

W
almond